生物技术综合实验教程

罗　璠　刘　伟　陈仕勇◎主编

李艳艳　殷　实　巩　迪◎副主编

四川科学技术出版社

·成都·

图书在版编目(CIP)数据

生物技术综合实验教程/罗璠，刘伟，陈仕勇主编；
李艳艳，殷实，巩迪副主编.—— 成都:四川科学技术出版
社，2023.8
　　ISBN 978-7-5727-1061-2

Ⅰ.①生… Ⅱ.①罗… ②刘… ③陈… ④李…
⑤殷… ⑥巩… Ⅲ.①生物工程-实验-高等学校-教材
Ⅳ.①Q81-33

中国国家版本馆 CIP 数据核字（2023）第 138922 号

生物技术综合实验教程

主　　编　罗　璠　刘　伟　陈仕勇
副 主 编　李艳艳　殷　实　巩　迪

出 品 人　程佳月
特约编辑　王国芬　陈　琴　裴思平
责任编辑　刘涌泉
封面设计　景秀文化
责任出版　欧晓春
出版发行　四川科学技术出版社
　　　　　成都市锦江区三色路 238 号　邮政编码 610023
　　　　　官方微博：http://e.weibo.com/sckjcbs
　　　　　官方微信公众号：sckjcbs
　　　　　传真：028-86361756
成品尺寸　185mm×260mm
　　　　　印张 11.5　字数 230 千　插页 1
印　　刷　四川科德彩色数码科技有限公司
版　　次　2023 年 8 月第一版
印　　次　2023 年 8 月第一次印刷
定　　价　98.00 元

ISBN 978-7-5727-1061-2

邮　　购：成都市锦江区三色路 238 号新华之星 A 座 25 层　邮政编码：610023
电　　话：028-86361758

编委会

前　言

生物技术专业的学生主要学习现代生物学的基本理论、基本知识，以及生物技术的基本技能，包括微生物学、胚胎工程、发酵工程及细胞工程等方面，主要利用生物技术来改良植物和动物，或为特殊用途而培养微生物等。因此，生物技术专业的学生需要掌握多门课程的基础理论及实验技能，鉴于此，特编写《生物技术综合实验教程》一书。

本实验教程是作者在多年教学实践的基础上编写而成的，教材体系与生物技术专业常用技能相配套，共设59个实验，注重对学生操作能力、实践能力的培养。本实验教程共五章：第一章动物学实验由刘伟撰写；第二章植物学实验由陈仕勇撰写；第三章生物化学实验由李艳艳撰写；第四章微生物学实验由罗璠撰写；第五章发育生物学实验由殷实撰写。本实验教程涵盖生物技术专业必修课程的主要实验内容，可供师范、农、林、医学等高等院校的相关专业师生使用，也可供中学生物学教师作教学参考用书。

本书使用的图片部分来自参考文献所列书刊，并根据需要做了部分改动和重绘；部分为编著者自己拍摄和绘制。在此，向这些作者表示感谢。

由于编者水平有限，书中难免有不足或疏漏之处，恳请有关专家、老师和同学指正。

编　者
2023 年 3 月

目　录

第一章　动物学实验

实验 1　显微镜的使用及人口腔上皮细胞的观察

一、实验目的

1. 学习显微镜成像原理，熟练掌握显微镜的使用方法。

2. 学习人口腔上皮细胞的样本制作。

二、实验原理

光学显微镜利用光线成像原理观察生物体的结构，光线通过聚光器透射过载物台上的玻片标本，进入物镜，形成了一个放大的、上下倒立的实像。倒立的实像经过目镜的放大映入眼球，形成一个放大的、倒立的虚像。

三、实验材料

光学显微镜、载玻片、盖玻片、镊子等。

四、实验步骤

1. 人口腔上皮细胞装片制作

（1）用洁净的纱布将载玻片和盖玻片擦拭干。

（2）在载玻片中央滴一滴生理盐水。

（3）漱口后，用无菌牙签在口腔内壁轻刮数次，将有碎屑的部分涂抹在滴有生理盐水的载玻片上。

（4）用镊子夹起盖玻片，使盖玻片的一侧先接触水滴，再将盖玻片缓慢匀速放平，使其均匀覆盖水滴，注意不要产生气泡。

（5）在盖玻片的一侧滴加几滴稀碘液，另一侧用滤纸吸附，使碘液浸润样品，重复滴加、吸附 2～3 遍。

2. 显微镜的使用

显微镜的结构模式见图 1－1。

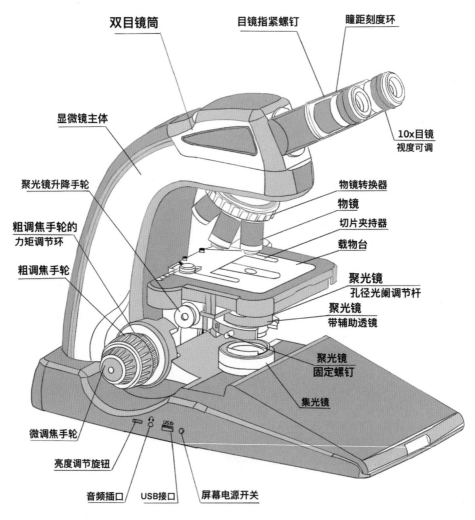

图 1－1　显微镜结构模式

（1）实验时把显微镜平放在实验台上，镜座应距桌沿 6～7 cm。

（2）打开光源开关，调节光源强度。

（3）转动物镜转换器，使低倍镜镜头正对载物台上的通光孔。物镜镜头调至距载物台 1～2 cm 处，调节聚光镜孔径光阑，使目镜视野内呈现明亮但不刺眼的状态。

（4）将样品玻片放在载物台上，用切片夹持器固定，调整载玻片的位置，使载玻片上的样品位于通光孔内中央位置。

（5）转动粗调焦手轮，使载物台上升，靠近物镜，但不要触及物镜，以免玻片碎裂伤及物镜镜头。然后，双眼注视目镜，缓慢转动粗调焦手轮，使载物台下降至视野内出现样品清晰物像。

（6）如果待观察的样品物像偏离视野中心，可缓慢调节载物台移动旋钮，使样品移动到视野中心，调节微调焦手轮至样品物像清晰为止。

（7）转动物镜转换器至高倍物镜，把需要放大观察的样品部分移至视野中央，观察物像是否清晰，并转动微调焦手轮调节到物像清晰为止。

（8）由低倍物镜转换至高倍物镜观察时，通常视野会变得稍暗一些，可根据需要调节孔径光阑大小或聚光器高低，使视野内光线明亮且不刺眼。

（9）玻片观察结束后，依次将物镜镜头从通光孔处移开，将孔径光阑调至最大，将载物台缓缓落到最低处。然后，检查零件有无损伤、物镜是否沾水沾油，若有则用镜头纸擦净。检查处理完毕，盖上防尘套保管。

五、思考题

1. 在刮取口腔上皮细胞前，为什么要漱口？

2. 在制作口腔上皮细胞装片时，载玻片上可以采用滴加清水代替生理盐水吗？

3. 使用显微镜时有什么注意事项？

实验 2　动物的四大类基本组织

一、实验目的

了解动物的四大类基本组织的形态结构及其功能。

二、实验原理

组织是形态功能类似的细胞和细胞间质组成的多细胞动物的基本结构，在动物中分为上皮组织、结缔组织、肌肉组织、神经组织 4 种。它们在胚胎期有原始的内、中、外三个胚胎层分化而来的，以不同的比例互相联系、相互依存，形成动物的各种器官和系统，以完成各种生理活动。

1. 上皮组织：是由许多紧密排列的上皮细胞和少量的细胞间质所组成的膜状结构，通常被覆于身体表面和体内各种管、腔、囊的内表面以及某些器官的表面。上皮组织具有保护、分泌、排泄和吸收等功能。

2. 结缔组织：是由细胞和大量的细胞间质构成。细胞间质包括基质和纤维。基质呈均质状，有液体、胶体或固体。纤维为细丝状，包埋于基质中。由中胚层产生的结缔组织是动物组织中分布最广、种类最多的一类组织，包括疏松结缔组织、致密结缔组织、网状结缔组织、软骨组织、骨组织、脂肪组织、血液等。结缔组织具有支持、连接、保护、防御、修复和运输等功能。

3. 肌肉组织：是由具有收缩能力的肌肉细胞构成。肌肉细胞的形状细长如纤维，故肌细胞又称肌纤维。肌纤维的主要功能是收缩，形成肌肉的运动，根据肌细胞的形态结构和功能不同，可分为骨骼肌（横纹肌）、平滑肌和心肌三种。

4. 神经组织：由神经细胞和神经胶质细胞构成的组织。神经细胞是神经系统的形态和功能单位，具有感受机体内、外刺激和传导冲动的能力。神经细胞由胞体和突起构成。神经细胞胞体位于中枢神经系统的灰质或神经节内，细胞膜有接受刺激和传导神经兴奋的功能。

三、实验材料

显微镜、上皮组织切片（小肠、皮肤组织）、结缔组织切片（软骨、硬骨、疏松结缔组织）、肌肉组织切片（心肌、骨骼肌组织）、神经组织切片（脊髓、小脑皮质、大脑皮质组织）。

四、实验步骤

1. 上皮组织：蛙体腔膜或肠系膜平铺片的制作和观察

（1）利用双毁髓法将蛙处死，用镊子剥离其体腔膜或者肠系膜，将剥离下来的上皮组织放于载玻片上，以解剖针将其挑开展平，稍晾干。

（2）滴加数滴1%硝酸银溶液将标本覆没，并立即置于阳光下晒3~5 min（或日光灯下照射10~15 min）。

（3）观察标本状态，看到其转变为浅褐色时，倾倒载玻片上的溶液（也可以用一次性滴管小心吸除），用蒸馏水洗净，加上1~2滴甘油，盖上盖玻片，即完成标本制作，可用于显微镜观察。

2. 结缔组织：疏松结缔组织、致密结缔组织切片的制作和观察

（1）疏松结缔组织切片的制作和观察

①小鼠皮下注射1%台盼蓝生理盐水溶液少许，30~60 min使用颈椎脱臼法处死。

②用镊子夹起小鼠表皮，剥开皮肤，在注射处剪取一小块皮下结缔组织，尽量切薄，置于载玻片上。

③用解剖针将组织平铺于载玻片上。

④待标本稍干，加1~2滴甘油，小心盖上盖玻片，保证无气泡后置于显微镜下观察。

疏松结缔组织装片见图1-2。

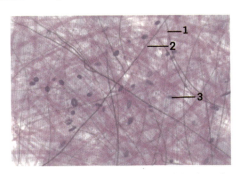

1.胶原纤维　2.弹力纤维　3.成纤维细胞

图1-2　疏松结缔组织装片

（2）致密结缔组织切片的制作和观察

①用蛙跟腱纵切片进行观察。

②低倍镜和高倍镜观察：腱的外面有疏松结缔组织包裹，内为平行而紧密排列的、

粗细不等的胶原纤维束，纤维束之间有成行排列的腱细胞的核，两个相邻细胞的细胞核常常靠近，细胞质不易显示。

3. 肌肉组织：平滑肌、骨骼肌、心肌切片的制作和观察

（1）平滑肌：取猫小肠横切片进行观察

①低倍镜观察找到肌层，可见其由内环行、外纵行的平滑肌纤维组成。

②高倍镜观察到内层环行的平滑肌纤维为长梭形，彼此镶嵌排列，细胞核为长椭圆形或棒状，被染成紫色，细胞质染成红色。外层纵行的平滑肌肌纤维被切成小块状，大小不一，因其是平滑肌肌纤维中部的切面，故较大的肌纤维横切面内可以看到细胞核。其余没有细胞核的、较小的肌纤维切面，是肌纤维两端的横切面。

（2）骨骼肌：取大白鼠或猫骨骼肌纵切片观察

①低倍镜观察可见肌纤维集合成束，每束肌纤维被具有脂肪和血管的结缔组织所分隔，这就是肌束膜，分割每条肌纤维的结缔组织为肌内膜。

②高倍镜观察肌纤维呈柱状，有许多被染成蓝紫色卵圆形的细胞核，位于肌细胞的周边、细胞膜之下。缩小光圈，减少视野的光亮度，可看到每条肌纤维上有明暗相间的横纹，染色深的为暗带，染色浅的为明带。

③换油镜。油镜观察可见明带中有一条很细的黑带，即 z 线；在暗带有一条较亮的线，即 h 线。相邻两 z 线之间，即两个 1/2 明带和一个暗带为一个肌节，是骨骼肌结构和功能的基本单位。

（3）心肌：取猫心肌纵切片（铁苏木素染色）观察

①低倍镜和高倍镜观察：可见纵、横、斜切面的心肌纤维，肌纤维有分支与邻近肌纤维相接，连接处染色较深，呈阶梯状结构，即闰盘。

②缩小光圈，可见心肌纤维有明暗相间的横纹，核呈椭圆形，位于心肌纤维的中央，其周围的肌浆较丰富，染色较浅。

4. 神经组织：取牛脊髓灰质前角涂片（美蓝或本胺蓝染液）

（1）低倍镜观察：可以看到被染成深蓝色的、具有多个突起的多级神经元，选择一个比较大而清晰的神经元，换高倍镜观察。

（2）高倍镜观察：在多级神经元的胞体内可看到一个染色较浅的、圆球形的细胞核，中央有一个染成深蓝色的核仁。细胞质中有染成深蓝色、不规则、小的块状物，即为尼氏体。细胞体有许多突起，看到的几乎都是树突，轴突仅有一根，轴突及轴丘

内无尼氏体，一般难以看到，若看到与轴丘相连的突起，即为轴突。

五、思考题

1. 什么是上皮组织？存在于动物体的什么位置？有什么结构特点？其功能是什么？

2. 什么是结缔组织？存在于动物体的什么位置？有什么结构特点？其功能是什么？

3. 什么是肌肉组织？存在于动物体的什么位置？有什么结构特点？其功能是什么？

4. 什么是神经组织？存在于动物体的什么位置？有什么结构特点？其功能是什么？

实验3 河蚌的解剖

一、实验目的

通过对河蚌的外部形态和内部结构的解剖观察，掌握瓣鳃动物及软体动物的主要特征。

二、实验原理

软体动物门种类多，为动物界第二个大动物类群，与人类的关系密切。软体动物的形态结构变异较大，但基本结构是相同的。身体柔软，不分节，可区分为头、足、内脏团3部分，体外被套膜，常常分泌有贝壳。河蚌可作为典型代表，以观察软体动物门的特征。

河蚌的生理结构见图1-3。

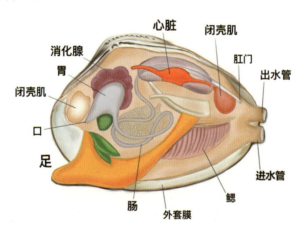

图1-3 河蚌的生理结构

三、实验材料

河蚌标本、显微镜、放大镜、解剖盘、解剖刀、解剖剪、尖头镊等。

四、实验步骤

1. 河蚌外部形态的观察

首先区分河蚌的前后、背腹及左右。把河蚌平放于实验台，使其壳顶向上，河蚌钝圆端朝前，稍尖端朝向自己，那么壳顶为背部，与之相对为腹面；钝端为前，尖端为后。此时，左侧就为河蚌左侧，右侧为河蚌右侧。

（1）外壳：分为等大的左右两瓣，合抱于体外。

（2）壳顶：靠近外壳前端的，外壳背方隆起的部分。

（3）生长线：位于壳表面，以壳顶为中心，呈同心圆排列的弧线。

（4）铰合部：两瓣外壳在背部相连的部分，其两侧有具弹性的韧带。

（5）韧带：具有韧性的褐色角质结构，为左右两瓣外壳在背部的连接。

2. 河蚌内部结构的观察

将河蚌左侧向上置于解剖盘上，以解剖刀柄于外壳合缝处插入，在左侧外壳与外套膜之间左右移动，分离外套膜与外壳。以解剖刀面伸入壳内，紧贴左外壳剥离河蚌的前、后闭壳肌，然后掀起左侧外壳，充分暴露内部结构（见图1-4）。

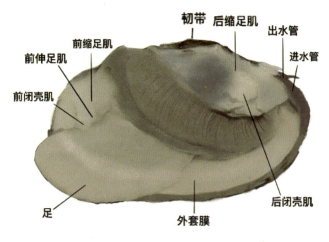

图1-4 河蚌内部结构

（1）肌肉：包括前端的一个较大的闭壳肌、缩足肌与一个伸足肌，以及后端一个大的闭壳肌、一个后缩足肌。河蚌前、后端各有一个闭壳肌，为横向肌肉柱，在贝壳内表面残存横断面痕迹。伸足肌位于闭壳肌的内侧，靠近腹方。缩足肌位于前、后闭壳肌内侧背方。

（2）外套膜和外套腔：外套膜为紧贴内壳内表面的一层膜状物，左右内壳各1片，外套膜包裹的空腔为外套腔。

（3）外套线：贝壳内面跨于前后闭壳肌痕之间，近于平行腹边的曲线，靠近贝壳腹缘的弧形痕迹，为外套膜附结在壳内面的痕迹。

（4）进水管与出水管：外套膜的后缘部分合并形成的两个短管状构造，腹方的为进水管，背方的为出水管。进水管壁具感觉乳突。

（5）鳃：左侧外套膜下含有两个瓣鳃，可以作为分辨雌雄的特征。外瓣鳃相对肥厚者为雌性，反之则为雄性。瓣鳃由外鳃小瓣与内鳃小瓣组成，外、内鳃小瓣由许多鳃丝与丝间隔组成，从而形成很多鳃小孔，鳃丝内有丰富的毛细血管。

（6）足：处于内脏团腹侧，位于外套膜之间，向前下方伸出，斧状，也因此称斧足，富有肌肉。

3. 器官系统的解剖观察

（1）呼吸系统

①鳃瓣：将外套膜向背方揭起，可见足与外套膜之间有两个瓣状的鳃，即鳃瓣，悬挂于外套腔内。靠近外套膜的一片为外鳃瓣，靠近足部的一片为内鳃瓣。每鳃瓣又由外侧的外鳃小瓣和内侧的内鳃小瓣组成。

②鳃小瓣：河蚌鳃瓣外方的为外鳃小瓣，内侧的为内鳃小瓣。内、外鳃小瓣在腹缘及前、后缘彼此相连。外鳃小瓣和内鳃小瓣相互连接，中间含有的间隔称为鳃间隔。

③瓣间隔：垂直隔膜，用于连接两鳃小瓣，可以分隔鳃小瓣之间的空腔，形成许多鳃水管。

④鳃丝：细丝，位于鳃小瓣上。

⑤丝间隔：鳃丝间相连的部分。其间分布有许多鳃小孔，水由此进入鳃水管。

⑥鳃上腔：位于鳃小瓣之间背方的空腔。

（2）循环系统

①围心腔：可在铰合部附近观察到透明的膜结构，称为围心腔膜，其内的空腔即为围心腔。

②心脏：位于围心腔内，由1个心室及2个心耳组成。心室是具有收缩能力的囊，富有肌肉，形状为长圆形，其中有直肠贯穿。心室下方左、右两侧的三角形薄壁囊为心耳，具有收缩能力。用镊子小心剥离外套膜和围心腔膜，可观察到围心腔中心脏的跳动。

③动脉干：由心室发出的血管，分为前大动脉与后大动脉。后大动脉沿直肠腹面向后延伸，前大动脉沿肠的背方向前直走。

（3）排泄系统

①肾脏：河蚌体含1对肾脏，位于围心腔腹面左、右两侧，由肾体及膀胱构成。沿着鳃的上缘剪除外套膜及鳃，即可见到。肾体是紧贴于鳃上腔上方的黑褐色海绵状结构。前端以肾口开口于围心腔前部腹面。膀胱位于生殖孔及肾体的背方，壁薄，末端有排泄孔开口，开口位于内鳃瓣的鳃上腔。

②围心腔腺：又称凯伯尔器，是位于围心腔前端两侧的分支状结构，呈黄褐色或赤红色。其功能是吸收血液中渗出的废物。

（4）生殖系统

河蚌是雌雄异体的生物。生殖腺均位于肠的周围。除去内脏团的外表组织，可见白色的腺体或黄色的腺体，其中白色的腺体为精巢，黄色的腺体为卵巢，位于内脏团内。左右两侧生殖腺各以生殖孔开口于内鳃瓣的鳃上腔内、排泄孔的前下方。

（5）消化系统

①口：位于前闭壳肌腹侧，横裂缝状，口两侧各有 2 片内外排列的三角形触唇。

②食管：口后的短管。

③胃：食管后膨大部分。

④肝脏：胃周围的淡黄色腺体。

⑤肠：盘曲折行于内脏团内。

⑥直肠：位于内脏团背方，从心室中央穿过，最后以肛门开口于后闭壳肌背方、出水管的附近。

（6）神经系统

①脑神经节：位于食管两侧，前闭壳肌与伸足肌之间，用尖头镊小心撕去该处少许结缔组织，并轻轻掀起伸足肌，即可见到淡黄色的神经节。

②足神经节：埋于足部肌肉的前 1/3 处，紧贴内脏团下方中央。用解剖刀在此处切开小口，并逐层剥除肌肉，在内脏团下方边缘仔细寻找，即可见到两足神经节。必要时可用脱脂棉吸去渗出液。

③脏神经节：蝴蝶状，紧贴于后闭壳肌下方，用尖头镊子将覆盖于其上的一层组织膜撕去，即可见到。沿着 3 对神经节发出的神经仔细地剥离周围组织，在脑、足神经节，脑、脏神经节之间可见有神经连接。

五、思考题

1. 绘制河蚌的内部结构图。

2. 用剪刀从活河蚌上剪取一小片鳃瓣，置于显微镜下观察，看其表面是否有纤毛在摆动？这些纤毛对河蚌的生活起什么作用？

3. 软体动物包括哪些纲？有哪些特征？

生物技术综合实验教程

实验 4　环毛蚓的标本制作及解剖

一、实验目的

1. 了解环节动物门和寡毛纲的基本特征。

2. 学习解剖环节动物技术。

二、实验原理

环毛蚓为环节动物门寡毛纲单向蚓目巨蚓科环毛蚓属，雄性生殖孔在皮褶之底中间突起上，该突起前后各有一较小的乳突，皮褶呈马蹄形，形成一浅囊，刚毛圈前有一大乳头突。有 3 对受精囊孔，位于第 6～9 节的各节间。受精囊系一盲管，内端 1/3 部分屈曲，下部 2/3 为管状。

三、实验材料

成熟的环毛蚓、固定液（40% 甲醛 10 ml、95% 乙醇 28 ml、冰醋酸 2 ml、水 60 ml）、解剖镜、放大镜、解剖盘、镊子、解剖剪、解剖针、大头针等。

四、实验步骤

可以直接观察或者制作成标本后观察。

1. 浸制标本制作

（1）停食：将环毛蚓冲洗干净，放于没有食物的玻璃缸中，缸中垫上湿草纸，停食 2 d，使其排净肠中泥土。之后给食适量碎草纸，以充满肠道，便于之后肠道结构的观察。

（2）麻醉：将环毛蚓转入烧杯中，放入定量清水，再缓慢滴加 95% 乙醇，使得盘中溶液最终变成 10% 的乙醇溶液为止。2 h 后，对环毛蚓进行观察，如果出现背孔分泌大量黏液的现象，表示环毛蚓已麻醉死亡。

（3）固定：取出麻醉的环毛蚓，平放于解剖盘，从环毛蚓身体后侧面注射固定液，使环毛蚓呈现饱满状态。

（4）保存：将固定后的环毛蚓平直铺于纱布上，用纱布包裹，竖立在标本瓶中，此处可将 20 条左右的环毛蚓包裹于一卷纱布中。往瓶中倒满固定液，即可长期保存。

2. 外形观察

（1）洗净环毛蚓，区分背腹面。可见环毛蚓背部色深且有明显的背中线，腹部色浅。将其腹面向下置于解剖盘中。

（2）环毛蚓身体呈长圆形，由100多个环节组成，节间有沟。较尖的一端是头部，前端有口及可伸缩的围口节，口的背侧有肉质的口前叶，用于挖土。较圆钝的一端为尾部，末端有肛门。用放大镜观察11节以后各节的背部，可见中央有背孔，挤压后可见体腔液的分泌。性成熟的环毛蚓在第14～16体节间有一个隆起的环带，叫生殖带。除了前后两个环节和环带外，蚯蚓身体其余的每个环节中央都有一圈刚毛。

（3）环毛蚓在腹面第6~9节两侧的节间沟有3对裂隙状小孔，称为受精囊孔；在第14节腹中线上有1个雌性生殖孔；在第18节的两侧有2个雄性生殖孔。

环毛蚓的外观形态结构见图1-5。

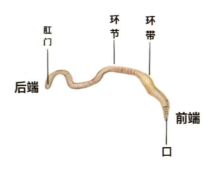

图1-5　环毛蚓外观形态结构

3. 内部解剖

手执标本，从其身体前端1/3处开始，左手展开食指和中指轻压环毛蚓背侧，右手用剪刀在虫体背面偏背中线处（避开背血管）由后向前剪开体壁至口。剪开环毛蚓体壁时，刀尖应微上翘，以防戳破消化管壁使其内泥沙外溢而影响观察。

精巢囊、卵巢、卵漏斗等位于身体腹面，紧贴神经索两侧，极难观察，故应细心切断隔膜（特别是体前部肌肉质很厚的隔膜）与体壁之间的联系，或剪除部分隔膜，再将体壁尽量向外侧拉伸，使两侧体壁完全平展，再以大头针固定。左右两边大头针应交错，并使针头向外倾斜以免妨碍操作。观察中，应适时以水湿润环毛蚓，以免干燥萎缩。

环毛蚓的内部解剖见图1-6。

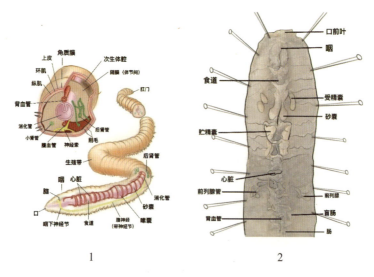

图 1-6　环毛蚓内部解剖

（1）观察体腔：可以看到环毛蚓体壁和消化管之间的空腔是体腔。体腔内由隔膜分成许多小室，隔膜具有小孔，保证体节间体腔液的流通交换。

（2）消化系统：可以看到环毛蚓的消化管由前端的口纵贯至后端肛门，呈黄褐色。用放大镜依次观察各消化器官：口和咽二者相连，口腔处于前三体节，咽处于 4~5 体节，咽肌肉发达，其后是狭窄的食管；食管的后面具有嗉囊和砂囊，嗉囊形不明显，砂囊呈球形，膨大且坚硬；砂囊后面细小的部分是胃，胃后面粗大的部分是肠，直通后端的肛门；在第 27 体节的两侧有一对盲囊，呈现出锥形，是环毛蚓的消化腺。

（3）循环系统：闭管式，可以看到一条背血管、一条腹血管和连接背腹血管的 8 对大血管弧，血管弧分别位于身体第 5、第 6、第 7、第 10（两对）、第 11、第 12 和第 13 体节。一般称其中 4 对血管弧（环状血管）为心脏。不同种的环毛蚓心脏个数和位置有所不同。背血管位于消化道的背中线上，腹血管位于消化道之下、腹神经链之上，背血管和腹血管都是纵贯身体前后的血管。环状的心脏连接背、腹血管，用镊子向一侧掀起砂囊即可看见。

（4）生殖系统：雌雄同体。

雄性生殖器官包括精巢囊、储精囊、输精管和前列腺。

环毛蚓的两对圆形精巢囊位于第 11、第 12 体节内，紧贴于后方隔膜之前。用镊子小心拨开消化管等器官，即可见精巢囊。每个囊包含 1 个精巢和 1 个精漏斗。用解剖针挑破精巢囊，用流水冲去囊内物质，在解剖镜下可见囊前方内壁上有一小白点状物即精巢。囊内后方皱纹状的结构即精漏斗，后端与输精管连接。

在第 11、第 12 体节的腹部具有两对储精囊，精巢囊位于其前。储精囊大而明显，呈分叶状。

输精管较细，由前输精管和后输精管组成，向后延伸至第 18 体节处，并与前列腺管于基部会合，于雄性生殖孔开口。环毛蚓的 1 对前列腺较发达，是大型分叶状腺体，位于第 17～20 体节处。

雌性生殖器官包括卵巢、卵漏斗、输卵管和受精囊。在第 12～13 体节部分存在 1 对片状卵巢，较薄，位于腹神经索的侧方。成熟的卵巢上可见黄色的卵粒。1 对卵漏斗位于第 14 体节处，呈皱纹状，末端与输卵管相接。输卵管极短，合并后通向雌性生殖孔。

受精囊具有 2～4 对，在第 6～9 体节处，位于腹壁两侧，由主体和盲管组成，主体又分梨形囊与盲管，盲管末端为纳精囊。

（5）神经系统：用眼科镊小心剥除前面 5 个体节的肌肉，仔细观察环毛蚓的咽上神经节、围咽神经、咽下神经节、腹神经索。双叶神经节组成咽上神经节，即脑，位于第 3 体节咽背侧。脑的两侧有绕过咽延伸至腹侧的围咽神经。

五、思考题

1. 绘图，并注明各结构的名称：环毛蚓横切面图；环毛蚓解剖原位观察图；环毛蚓神经系统图。

2. 描述环毛蚓结构与功能的适应特征。

3. 查阅资料，结合解剖与观察，描述环毛蚓外形、体壁结构、消化系统、循环系统、生殖系统、真体腔等结构的特点。

实验 5　沼虾的解剖

一、实验目的

1. 通过观察日本沼虾的外形和内部结构，了解甲壳动物在形态结构上的主要特征。

2. 认识甲壳纲的代表动物。

二、实验原理

沼虾，属于长臂虾科（Palaemonidae）、沼虾属（*Macrobrachium*）。额角发达，侧扁，上、下缘均具齿。大颚有触须。前两对步足螯状。遍布于热带、亚热带，偶在温带淡水中，有时也在咸水中生活，一些种幼体在海水中孵化，年轻时可在海洋中生活。

三、实验材料

日本沼虾浸制标本、解剖器、解剖盘、显微镜。

四、实验步骤

1. 外部形态的观察

日本沼虾呈青绿色，长有褐色斑点，体长为 40～80 mm。体表覆盖坚硬的外骨骼。全身具 20 体节，组合成头胸部和腹部。头胸部由头部 6 体节与胸部 8 体节相互融合而成，体节之间无分界线，背面包被一块特别发达的甲壳，称为头胸甲；头胸甲略呈圆筒状，前端有一尖的突起称为额剑；额剑短于头胸甲，左右侧扁，上缘几乎平直，下缘向上弧曲，均含锯齿。腹部呈长柱形，肌肉发达，分为 6 节。尾节与第 6 腹节末端相接，呈三角形，肌肉不发达，背面有 2 对短小的活动刺。

沼虾共有 19 对附肢，包括头肢 5 对、胸肢 8 对、腹肢 6 对，每对附肢可分为内肢与外肢。但有些附肢的外肢消失了（如步足），便成为单支。可用尖头镊将附肢分离，放于放大镜下观察。

沼虾的外部形态见图 1－7。

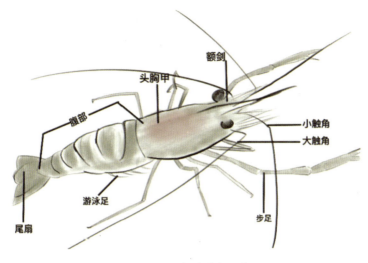

图1-7 沼虾的外部形态

2. 内部结构的解剖观察

用眼科剪分离沼虾的外骨骼，剔除表层肌肉，观察以下系统。沼虾的内部解剖见图1-8。

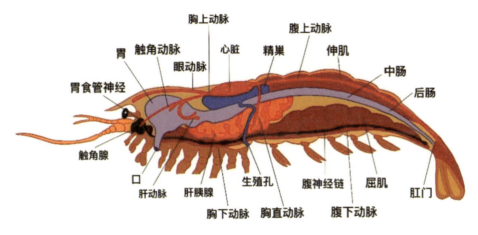

图1-8 沼虾的内部解剖

（1）消化系统

沼虾的口位于头胸部腹面，周围有大颚和小颚；食管很短；小心剥离生殖腺后，可见体积较大的两叶肝脏，以及被肝脏包围的胃。胃分为贲门胃和幽门胃，前侧是贲门胃，用来研磨食物，后面是幽门胃，有过滤食物使之进入中肠的作用。幽门胃末端通过盲肠连接细长的中肠。中肠后方为较短的后肠，经球状直肠连接肛门，肛门开口于尾节腹面。

（2）呼吸系统

把头胸部鳃盖去除，可见羽状鳃共 7 对。各着生于后 2 对颚足和 5 对步足的基部，被掩于头胸部与头胸甲左右两侧所形成的鳃室之下。鳃室凭借 1 对入水孔和 1 对出水孔与外环境进行物质交换。第二小颚呼吸板的拨动，是鳃室中水循环的动力。

（3）循环系统

循环系统包括心脏和动脉两部分。用解剖剪从头胸部后侧往前，仔细剪开，移除头胸甲，可见头胸部靠近背侧的黄白色心脏，略呈三角形，被心窦包围，共有背面、腹面及左右两侧各 1 对心孔。由心脏发出 7 条动脉，分别是延伸向前的 1 条前大动脉、1 对触角动脉和 1 对肝动脉；延伸向后的 1 条后大动脉及向下的 1 条下行动脉。血液通过这些动脉及其分支由心脏流入身体各部分与各器官的组织间隙内。组织间隙分两类，狭小的称为血腔，宽大的称为血窦。

（4）排泄系统

排泄系统为 1 对触角腺，也称为绿腺，颜色为黄绿色。触角腺位于食管之前的头胸部左右两侧内，开口在第二触角基部，于表面附有排泄管和膀胱。

（5）神经系统

小心分离沼虾肌肉组织，可见长条神经链。

沼虾的中枢神经系统包括脑、食管下神经节和腹神经链三部分。

头部前 3 对神经节合并成脑，后端连接围食管神经与食管下神经节。其中围食管神经附着于食管左右两侧，食管下神经节由头部后 3 对神经节和胸部前 3 对神经节合并而成。腹神经链由 5 个胸神经节和 6 个腹神经节共 11 个神经节组成。沼虾的神经系统结构见图 1-9。

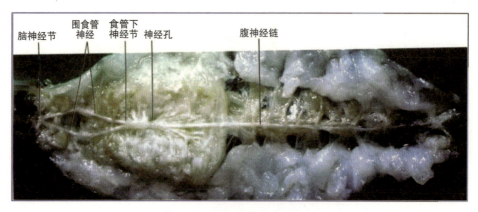

图 1-9　沼虾的神经系统结构

（6）生殖系统

沼虾雌雄异体，生殖腺位于头胸部内中肠上方、心脏下方。雌性沼虾具 1 对卵巢，左右融合为一整个，两侧向下发出的 1 对输卵管短而直，延伸至第三步足基部内侧，与雌性生殖孔相通。雄性沼虾的 1 对精巢呈现出"V"状，前部分离，后部融合，左右两侧共发出 1 对输精管，输精管长而曲折，末端开口于第五步足基部内侧，与雄性生殖孔相通。

雄性沼虾、雌性沼虾的生殖系统外部特征对比见图 1 - 10。

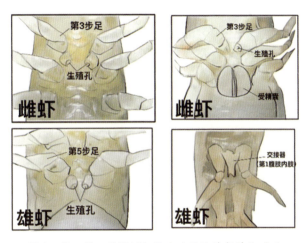

图 1 - 10　雌、雄性沼虾的生殖系统外部特征对比

五、思考题

1. 如何区分雄性沼虾和雌性沼虾？

2. 沼虾的头胸甲和额剑有什么作用？

3. 查阅资料，总结沼虾的附肢各有什么作用？

4. 总结甲壳类动物具有哪些适应水生生活的形态结构和生理特征？

实验 6　蝗虫的外形及内部解剖

一、实验目的

1. 通过对蝗虫的观察，了解节肢动物门昆虫纲的基本形态、生理结构及其适应陆生生活的特点。

2. 进一步通过对昆虫各类型的触角、口器、翅、足及变态的观察加深了解昆虫纲的多样性与适应的广泛性。

二、实验原理

蝗虫，俗称"蚂蚱"，属直翅目，包括蚱总科（Tetrigoidea）、蜢总科（Eumastacoidea）、蝗总科（Locustoidea）的种类，全世界超过 10 000 种，我国有 1 000 余种，分布于全世界的热带、温带的草地和沙漠地区。

三、实验材料

棉蝗（*Chondracris rosea*）浸制标本、显微镜、放大镜、解剖盘、解剖刀、解剖剪、尖头镊等。

四、实验步骤

采用新鲜浸制标本。取下口器各部分时，应用镊子夹住其基部，顺其生长方向用力拉下，以保持结构的完整。剪开体壁时，剪刀尖应向上翘，以免损坏内脏；揭下背壁前，应先用解剖针仔细地将它与其下面的组织剥离开。除去头壳内的肌肉时，注意勿将脑损坏。

1. 外部形态的观察

棉蝗一般体呈青绿色，浸制标本呈黄褐色，体表被有几丁质外骨骼。身体由头部、胸部、腹部 3 个部分组成。

（1）头部：身体最前部的卵圆形结构，由外骨骼发育成坚硬的头壳。头壳的正前方为略呈梯形的额，额下连一长方形的唇基；额的上方、两复眼之间的背上方为头顶；复眼以下、头的两侧部分为颊；头顶和颊之后为后头。头部具有下列器官：

①眼：棉蝗具有 1 对复眼和 3 个单眼。其中复眼是位于头顶两侧的棕褐色椭圆形结构，可于显微镜下观察到许多六角形的小眼；3 个单眼中，有 1 个分布在额中央，另外两个分别分布于两复眼内侧上方，三者排布位置呈倒三角形。

②触角：具有 1 对触角，呈细丝状，由柄节、梗节及鞭节组成，其中鞭节又分为许多亚节。触角分布在两复眼内侧。

③口器：左手持蝗虫，使其腹面向上，拇、食指固定住头部，右手持镊子自前向后将口器各部分取下，同时注意观察口器各部分着生的位置，依次放在载玻片上，用放大镜观察其构造，可见蝗虫口器为典型的咀嚼式口器。

④上唇：连于唇基下方，覆盖着大颚。上唇略呈长方形，其弧状下缘中央有一缺口，且外表面坚硬，内表面柔软。

⑤大颚：位于颊的下方，为口左右两侧的 1 对坚硬的几丁质块，被上唇覆盖。两大颚相对的一面有齿，卜部的齿长而尖，为切齿部；上部的齿粗糙宽大，为臼齿部。

⑥小颚：棉蝗的 1 对小颚处于下唇前方、大颚后方。轴节和茎节处于小颚的基部，其中轴节是与头壳连接的部分。茎节与轴节的前部相连，且具有外颚叶、内颚叶结构，二者是茎节端部着生的 2 个活动的薄片。外侧的薄片呈匙状，为外颚叶，内侧的较硬，端部具齿，为内颚叶。茎节中部外侧还有 1 根细长的小颚须，分为 5 节。

⑦下唇：1 片，位于小颚后方，成为口器的底板。下唇的基部称为后颏，后颏又分为前后 2 个骨片，后部的称亚颏，与头部相连，前部的称颏。颏前端连接能活动的前颏，前颏端部有 1 对瓣状的唇舌，两侧有 1 对具 3 节的下唇须。

⑧舌：形状为椭圆形，是位于口前腔中央，着生于大、小颚之间的囊状物，表面有毛和细刺。

（2）胸部：位于头部后方，由前胸、中胸和后胸 3 节组成。每胸节均有 1 对足，翅位于中、后胸背面。

①外骨骼：为坚硬的几丁质骨板，包括腹板、背板、侧板。

腹板：在两足之间有前胸腹板突，形状为囊状突起，向后弯曲，指向中胸腹板。中、后胸腹板合成一块，但明显可分；每腹板表面有沟槽，可将骨板分成数块骨片。

背板：前胸背板发达，从两侧向下扩展成马鞍形，几乎盖住整个侧板，后缘中央伸至中胸的背面；其背面有 3 条横缝线向两侧下伸至两侧中部，背面中央隆起呈屋脊状。中、后胸背板较小，被两翅覆盖。用剪刀沿前胸背板第 3 横缝线剪去背板后部，将两翅拨向两侧，即可见中、后胸背板，略呈长方形，表面有沟，将骨板划分为几块骨片。

侧板：前胸侧板位于背板下方前端，为 1 个三角形小骨片。中、后胸侧板发达，其表面均有 1 条斜行的侧沟，将侧板分为前后两部。胸部有 2 对气门，1 对在前胸与中胸侧板间的薄膜上，另 1 对在中、后胸侧板间、中足基部的薄膜上。

②附肢：胸部各节依次着生前足、中足和后足各 1 对。前、中足较小，为步行足，后足强大，为跳跃足。各足均由 6 肢节构成，以后足为例进行观察：

基节：足基部第 1 节，短而圆，连在胸部侧板和腹板间。

转节：基节之后最短小的一节。

腿节：转节之后最长大的一节。

胫节：在腿节之后，细而长，红褐色，其后缘有 2 行细刺。

跗节：在胫节之后。用放大镜观察，跗节又分 3 节，第 1 节较长，有 3 个假分节，第 2 节很短，第 3 节较长，跗节腹面有 4 个跗垫。

前跗节：位于第 3 跗节的端部，为 1 对爪，两爪间有 1 个中垫。

③翅：棉蝗具有暗色斑纹的翅两对，各翅贯穿翅脉。前翅又称覆翅，着生于中胸，革质，形长而狭，休息时覆盖在背上。后翅宽大，着生于后胸，薄而透明，翅脉明显，膜质，休息时折叠于覆翅之下。

④腹部：与胸部直接相连，由 11 个体节组成。

外骨骼：外骨骼由背板和腹板组成，质地较软。侧板退化，形成侧膜，连接背、腹板。雌、雄蝗虫第 1~8 腹节形态构造相似，在背板两侧下缘前方各有 1 个气门。在第 1 腹节气门后方各有 1 个大而呈椭圆形的膜状结构，称听器。

第 9、10 两节背板较狭，且相互愈合，第 11 节背板形成背面三角形的肛上板，盖着肛门，第 10 节背板的后缘、肛上板的左右两侧有 1 对小突起，即尾须，雄虫的尾须比雌虫的大；两尾须下各有 1 个三角形的肛侧板。腹部末端还有外生殖器。

外生殖器：雌蝗虫的产卵器，雌虫第 9 节与第 10 节无腹板，第 8 节腹板较长，其后缘的剑状突起称导卵突起，导卵突起后有 1 对尖形的产卵腹瓣（下产卵瓣）；在背侧肛侧板后也有 1 对尖形的产卵瓣，为产卵背瓣（上产卵瓣），产卵背瓣和腹瓣构成产卵器。

雄蝗虫的交配器：雄虫第 9 节腹板发达，向后延长并向上翘起形成匙状的下生殖板，将下生殖板向下压，可见内有一突起，即阴茎。

2. 内部解剖

左手持蝗虫，使其背部向上，右手持剪剪去翅和足。再从腹部末端尾须处开始，自后向前沿气门上方将左右两侧体壁剪开，剪至前胸背板前缘。在虫体前后端两侧体壁已剪开的裂缝之间，剪开头部与前胸间的颈膜和腹部末端的背板。将蝗虫背面向上置解剖盘中，用解剖针自前向后小心地将背壁与其下方的内部器官分离开，最后用镊子将完整的背壁取下，依次观察下列器官系统。蝗虫的内部结构见图 1 - 11。

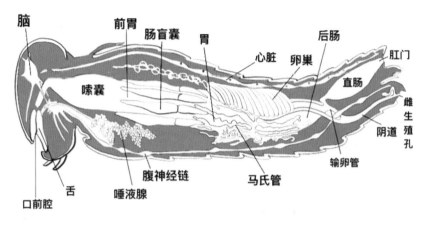

图 1 - 11　蝗虫的内部结构

（1）循环系统：由动脉、心脏、血窦组成。体壁翻开后，可见腹部背壁内面中央线上有一条半透明的细长管状构造，即为心脏。心脏按节有若干略膨大的部分，为心室。心脏前端连接大动脉，心脏两侧有扇形的翼状肌。

（2）呼吸系统：由气门、气管、气囊组成。自气门向体内，可见许多白色分支的小管分布于内脏器官和肌肉中，即为气管；在内脏背面两侧还有许多膨大的气囊。用镊子撕取胸部肌肉少许，或剪取一段气管，放在载玻片上，加水制成装片，置显微镜下观察，即可看到许多小管，其管壁内膜有几丁质螺旋纹。

（3）生殖系统：棉蝗是雌雄异体异形的生物，实验时可互换不同性别的标本进行观察。

①雄性生殖器官：棉蝗雄性生殖器官包括精巢、输精管、射精管、副性腺及储精囊。

在腹部消化管的背方是雄性棉蝗的 1 对精巢，由精巢小管组成，呈椭圆形结构。分离精巢周围组织，可见输精管位于精巢腹面两侧。两条输精管经过消化管的腹面，合并成为一条输精管。射精管的开口位于阴茎末端，前端两侧有与其基部连通的附腺。附腺形态迂回曲折，拨开后可见雄性棉蝗的储精囊 1 对。观察时可以小心地将消化管末段向背方挑起。

②雌性生殖器官：雌性棉蝗的 1 对卵巢处于腹腔消化管的背侧，由许多自中线向后倾斜排列的卵巢管组成。

卵巢两侧各有 1 对稍粗的纵管，每个卵巢管都与之相连，这就是卵萼，是雌棉蝗在产卵时暂存卵粒的地方。输卵管位于卵萼后侧，沿输卵管方向分离周围组织，将消化管末端向后轻轻提起。可见 2 根输卵管绕在后端消化管的腹部，并在此汇合为 1 根输卵管，输卵管位于生殖腔开口至产卵腹叶生殖口之间。自生殖腔背方伸出一弯曲小管，其末端形成一椭圆形囊，即受精囊。雌棉蝗的副性腺为卵萼前端的一弯曲的管状腺体。雌、雄蝗虫外观形态对比见图 1-12。

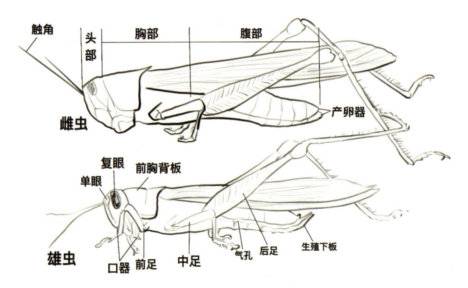

图 1-12 雌、雄蝗虫外观形态对比

（4）消化系统：棉蝗的消化系统由消化管和消化腺组成。

消化管可分为前肠、中肠和后肠。前肠是从咽延伸至胃盲囊的一段结构，口前腔位于前肠的前方。前肠包括咽、食管、膨大的嗉囊及前胃。中肠又称胃，是与前胃交界处的 12 个呈指状突起的胃盲囊，其中一半伸向前，一半伸向后。后肠包括与胃连接的回肠，弯曲的结肠，以及较膨大的直肠。直肠尾部与肛门相连，肛门在肛上板之下。棉蝗具有 1 对葡萄状的唾液腺，处于胸部嗉囊腹面两侧，通过 1 对导管与口前腔相通。

（5）排泄器官：棉蝗的排泄器官为马氏管，位于中肠和后肠交接的部位。用放大镜观察，可见许多细长的盲管，即为马氏管，游离分布于血体腔中。

（6）神经系统：用解剖剪小心剪开复眼间头壳，再分离头顶和头后侧的头壳，使用镊子仔细分离干净头壳内的肌肉，即可见到棉蝗的神经组织。棉蝗的脑位于消化管背侧，处于两复眼之间，外观为淡黄色块状物。

围食管神经为脑至食管两侧发出的 1 对神经，并绕过食管，与食管下神经节相连。腹神经链由 2 股组成，位于胸部和腹部腹板中央线处，形为白色神经索。腹神经链可合并成神经节，且通向其他器官。

五、思考题

1. 昆虫纲动物形态结构上有哪些特征？
2. 蝗虫的哪些结构表现出对陆生生活的适应？
3. 复眼和单眼各有何视觉功能？
4. 蝗虫口器的各部分分别有何作用？
5. 注意观察脑向前发出的主要神经各通向哪些器官？
6. 消化系统各器官分别具有什么功能？

第一章　动物学实验

实验7　昆虫样本的收集

一、实验目的

1. 便于昆虫区系与分类学研究。

2. 为研究昆虫理论如生物学、生态学、生理学、解剖学、细胞组织学、遗传学、生物化学等提供依据。

3. 为开展应用昆虫学研究如害虫控制、预测、天敌利用、动植物检疫等提供依据。

二、实验原理

为了获得大量理想的昆虫样本，必须依靠收集。收集昆虫样本是昆虫学的基本工作，是初学者必须掌握的一项技术。

三、实验材料

1. 收集网

一般来说，收集网分为捕虫网、清扫网、水网、刮扫网等。常用的昆虫收集网实物见图1－13。

（1）捕虫网：用于捕捉飞行或停留的昆虫。捕虫网应轻便耐用。

（2）清扫网：是专门用来在草地上清扫和捕捉昆虫的。清扫网应结实耐用。

（3）水网：用来收集生活在水中的昆虫。它通常由细铜线或铅丝制成，也可由易渗水的布料制成。

（4）刮扫网：用于收集地面、石墙、树皮、朽木和各种建筑物上的昆虫。

图1－13　昆虫收集网实物

2. 吸虫管

专门用来收集生活在树缝、墙壁和其他隐蔽的地方的细小、脆弱、难以捕捉的昆虫。使用直吸吸虫管时，只需将喷嘴对准要收集的昆虫，按下吸气球，即可将昆虫吸入瓶中。使用钟形吸虫管时，先将要收集的昆虫盖上，然后按下吸球，这样昆虫更难逃脱。

无论使用什么类型的吸虫管，都可以在管里放一个小棉球，里面放一点乙醚或其他麻醉药品。

3. 毒瓶

制作毒瓶的方法包含以下两种：一是用75%的乙醇制作；二是用乙醚制作。用毒瓶收集昆虫，可将昆虫在制作标本前杀死，避免其在瓶子里跳跃和碰撞损害标本，以保证标本的完整性。

4. 诱昆虫灯

诱昆虫灯是一种利用各种昆虫特别是飞蛾的趋光性设计的收集工具，其实物见图1-14。

图1-14 昆虫灯诱虫实操

诱昆虫灯的设计条件要求光源照射距离远，地形空旷，最好是在水源附近，且容易吸引昆虫，不易逃脱。常见的款式有箱式陷阱灯、悬挂式陷阱灯和窗帘式移动陷阱灯。选择紫外光或黑光作为光源可以提高引诱昆虫的效果。

5. 应准备的其他工具

包括收集袋、收集盒、三角纸袋、活体昆虫收集盒、手指形管、小瓶、小镊子、折叠刀、剪刀、小锯子、放大镜、刷子、标签纸、昆虫针、铅笔、笔记本、胶带等。如果想保存被害虫或寄主植物损坏的植物标本，还应该准备好植物样品架、莎草纸和收集盒（见图1-15）。

三角纸袋的制作过程见图1-16。

图1-15　昆虫收集盒

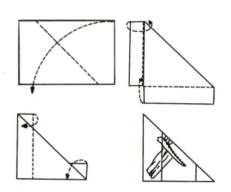

图1-16　三角纸袋制作过程

四、实验步骤

1. 不同昆虫的收集

（1）鳞翅目昆虫：包括蝴蝶和飞蛾（见图1-17、图1-18）。

图1-17　宽带青凤蝶

图1-18　青辐射尺蛾

春季和秋季由于拥有适宜的温度和充足的蜜源，因此是蝴蝶活动比较频繁的季节。蝴蝶活动时间一般是从上午8点开始到中午，和下午3点以后。活动蝴蝶的种类和数量上午比下午多。

大多数飞蛾都出现在夏季，活动高峰期是晚上10点到凌晨3点。可以于夜晚在田间相对开阔的地方悬挂诱昆虫灯进行灯诱，引诱大量趋光性飞蛾在诱网上休息，再用网捕捉。

由于蝴蝶和飞蛾的体表有大量鳞屑，为防止鳞屑脱落（也要注意不要用手触摸它们的翅膀），抓住后应往胸部注射适量的乙醇，然后装进三角纸袋。

（2）鞘翅目和半鞘翅目昆虫：如双叉犀金龟和光肩星天牛（见图1-19、图1-20）。

图1-19　双叉犀金龟

图1-20　光肩星天牛

它们通常停留在寄主植物上，并缓慢移动。当受到干扰时，它们往往假装死亡并摔倒在地。可将网放在昆虫的身体下方，然后摇晃其附着的树枝，当它们假装死亡时，就会掉进网里。

（3）双翅目昆虫：有翅膀的昆虫，如蚂蚁和苍蝇。本目昆虫体表的刚毛和刺是分类的重要依据，有些物种又小又软或脚非常细长，为保证昆虫样本的完整性，抓捕时最好使用最小的毒瓶分别对它们进行毒杀。

（4）直翅目昆虫（见图1-21）：如蝗虫、蚱蜢、蟋蟀等通常栖息在草地上。它们大多数都擅长跳跃，不适合徒手收集，可以扫网收集。最好的收集方法是在早晨或雨后露水浓时捕捉，或在晚上用手电筒收集。直翅目昆虫中毒时间较长，抓捕时应防止其逃脱。

图1-21　直翅目螽斯科昆虫

（5）膜翅目昆虫：包括各种蜜蜂和蚂蚁，一般用网捕捉后直接放入毒瓶。

（6）微小的昆虫：如蚊子、春虫（在潮湿的土壤中）等，可以直接储存在含有75％乙醇的微型手指管中。

2. 收集注意事项

（1）必须全面收集。可以根据昆虫的状态、形状和大小，同一物种的不同性别、颜色和所处不同区域等，收集尽可能多的标本。

（2）收集完整的昆虫样本，以提高样本质量。尤其是最容易损坏的触角、脚、翅膀和鳞片。由于这是昆虫识别的重要特征，需要避免在采样、毒杀、包装等环节中造成破损。

（3）做好完整的收集记录。外出收集时，应该随身携带一本收集笔记本。所有观察到的项目都应按照要求进行记录，主要包括采集时间、采集者姓名及采集地点（应不仅包括小地名，还要包括采集地点经纬度和海拔）。

（4）为避免腐烂变质，用纸袋包装的昆虫样本应及时干燥。可在阳光下或玻璃烘干机、电炉或 45～50 ℃的烘干炉中烘干。可以使用电灯或酒精灯作为热源，纸箱或锡盒作为临时烤箱，生石灰或无水氧化钙作为干燥剂，干燥剂可从制药公司购买。

3. 实验器具的用法

（1）捕虫网及毒瓶的使用方法。一是当昆虫进入网时，将网袋底部向上摆动，然后将网底部与昆虫一起向上转动；二是在昆虫进入网后旋转网柄，使网口向下转动，昆虫就被关在网袋里了。取昆虫时，首先用左手握住网袋的中心，然后松开网柄，用右手取出毒瓶。左手握住网袋打开瓶盖，左右手配合将网袋打开一个只能进入毒瓶的口，移动毒瓶至昆虫身体，将昆虫装进毒瓶。适度倾倒毒瓶以浸泡昆虫，确定昆虫中毒后再拿出毒瓶盖上瓶盖。如捕捉以昆虫为食的昆虫时，应用捕虫网网住昆虫后用昆虫夹捕捉，再装入毒瓶中。

（2）清扫网主要用于收集草丛及灌木丛中的昆虫。使用清扫网左右摆动，进行清扫和捕捉。一般在扫网几次后就应进行收集。收集时，左手握住网袋的中心，右手松开网柄，然后用右手打开网底的绳子，将网中的昆虫倒入毒瓶或收集盒中。

4. 常用捕捉方法

除常用的省力有效的直接捕捉法外，还有以下方法：

（1）振动收集法。将布匹平铺到树下，摇动或拍打树干和树枝。死了的昆虫或装死的昆虫就会往下掉，这时可用镊子夹，也可以用手捉；有些昆虫受到振动会飞走，这时可用网捕捉。

（2）隐蔽昆虫收集法。有些昆虫隐藏在树皮下面，有些昆虫隐藏在朽木里面，可以用工具剥开松散的树皮或朽木，收集各种甲虫。砖和石头之间也常常隐藏着各种昆虫。搬开砖和石头，发现的昆虫可用刷子轻轻地扫进瓶里。另外，蚂蚁的巢穴也有很多共生昆虫。其他动物的巢穴（如蜜蜂、鸟类）中也有许多昆虫，值得仔细搜索和收集。

（3）引诱捕捉法。利用昆虫对光线的偏好来收集昆虫叫灯诱法；利用昆虫对食物的偏好来收集昆虫叫食诱法。这是一种省力而有效的捕捉方法。

许多昆虫都具有趋光性，在野外采集时，可选择停驻点 2 m 范围内相对空旷、其余地方植被丰富、最好有水流的地方，挂上诱灯捕捉。这种灯引诱方法在闷热的夏夜使用效果最佳，阴天或雨后使用次之，小雨中也可以使用。

昆虫对食物也是有偏好的，比如花蜜能招来蝴蝶。许多甲虫和苍蝇也经常在树干流出的液体处或开花的植物上吸食糖蜜，因此可以用糖蜜来引诱昆虫。按照糖∶醋∶水∶酒 ＝ 3∶4∶2∶1 的比例配置糖醋液，用小火煮沸，熬成浓糖浆，涂抹在树干上。白天可吸引蝶类经常来觅食，晚上也能吸引许多飞蛾和甲虫。

5. 采集昆虫的时间

昆虫种类繁多，生活习性也相差甚远，即使是同一种昆虫，在不同地区和不同环境条件下生活习性也是不同的。因此，很难同时收集齐全。

昆虫最活跃的时间一般是上午 10 点到下午 3 点。这段时间的大多数昆虫都适合用网捕捉。在昆虫不活动的时间里使用振动法收集效果最佳。其余收集方法不限于上述时间。此外，许多昆虫只在黄昏出现，有些成群地飞，很容易被网抓住。有更多种类的昆虫在夜间活动，它们可以被大量的光线吸引。因此，一年中的任何时候都可以收集昆虫。

五、思考题

1. 昆虫的采集方法有哪些？

2. 不同的采集方法分别适合于采集什么种类的昆虫？

3. 请根据所学知识设计一个校园昆虫种类收集的方案？

实验 8 昆虫标本的制作

一、实验目的

为了获得长期可供研究和参考的昆虫样本，将收集的昆虫分类并加工成不同类型的标本。昆虫标本应保持完整、美观，尽可能保留昆虫的原始颜色和各种自然图像。因此，应使用适当的技术、工具和方法制备昆虫样品。

二、实验原理

1. 标本类型

（1）根据制备方法：针插入试样、浸没试样、载玻片试样。

（2）根据昆虫状况：成虫标本、幼虫（卵、幼虫、蛹、若虫）标本和生活史标本。

（3）根据研究目的：分类标本、形态标本和解剖标本。

（4）根据昆虫身体完整性的程度：整个标本和一些特征标本。

2. 制作昆虫标本的工具

（1）昆虫针：用于固定昆虫身体的位置，由不锈钢制成。通常分为 00 号、0 号、1 号、2 号、3 号、4 号、5 号共 7 种，昆虫针长约 4 cm，有针帽，针的直径随着针号增大而增大（见图 1-22）。

图 1-22 昆虫针

（2）三级平台：也称为平均平台，由 3 块长度不同、厚度相等的板组成。三级板每级 0.8 cm，三级板共 2.4 cm，每个平台中间都留有 1 个小孔，便于插针。制作昆虫样本时，将昆虫针插入孔中，使昆虫和标签保持同一高度（见图 1-23）。

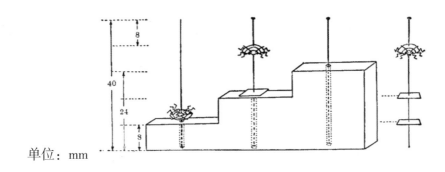

单位：mm

图 1-23 制作昆虫标本的三级平台

（3）展翅板：延伸蝴蝶、蜻蜓、飞蛾等昆虫翅膀的主要工具，由软木制成。展翅板的底部是一个完整的板，上面安装了两个板。其中一块板可以自由移动，以调整板之间的间隙宽度。在两块木板之间的缝隙底部是一层软木。翼板长 33 cm，宽 8 cm。

（4）桌子：整个桌子由松软的木材制成，长 27.5 cm，宽 15.1 cm，厚 0.2 cm。木板的每一端都钉上一块长方形的木板作为柱子，木板上钻了许多小孔。孔的大小可以由昆虫针自由插入。有两个目的：一是将收集的昆虫杀死，放在上面，然后用昆虫针刺穿，这样昆虫不易滚动和推动，穿刺位置准确；二是在昆虫被刺穿后，昆虫针尖穿过小孔，昆虫的六只脚躺在木板上，方便用镊子夹住脚和触角。

（5）还软缸：标本采集后储存一段时间就会变得干燥和坚硬，制作时容易损坏。因此在制作前，必须使其变软。还软缸是一种非常方便的软化设备，使用时，将沙子清洗干净铺在容器底部，滴一点水，并加入一点苯酚，以防止发霉。将待软化的样品放在瓷隔板上，在盖子周围涂抹凡士林油，盖上盖子，并将其静静地放置。几天后，干燥和坚硬的标本会变软。

（6）昆虫胶：通常是在虫胶溶于 95% 的乙醇后使用，用通用胶或其他速干胶粘贴小昆虫标本。

三、实验材料

昆虫针、展翅板、三角板、粘虫胶和滤纸条。

四、实验步骤

1. 昆虫标本制作步骤

（1）还软

从野外采集的昆虫通常会储存一段时间再加工成干燥的标本。它们的身体又干又硬又脆，在加工成样品之前必须软化。

（2）整姿

昆虫死后，身子会蜷缩起来，需要摆姿势。在摆姿势之前，应该用三级平台刺伤昆虫，然后将其移到姿势板上。昆虫针应插入孔中，昆虫身体必须保持自然姿态（见图1-24）。待放干后，放进昆虫盒子里保存。

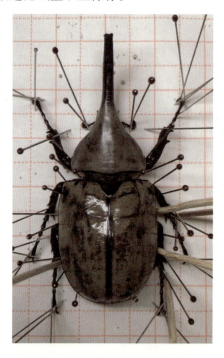

图1-24　昆虫标本整姿示意

（3）针插

将昆虫用昆虫针固定在样品盒中，并调整昆虫的位置。不同的昆虫，由于其结构不同，针在昆虫身上的位置也是不同的，有特定的位置。

（4）展翅

一些昆虫，如蝴蝶、蛾和蜻蜓，在采集时无法展开翅膀，或中毒后，它们的翅膀往往重叠在一起，因此它们在被收回后应立即将其翅膀展开。

为了展开翅膀，首先将昆虫放在展翅板上，使昆虫沉入凹槽中。昆虫翅膀在凹槽两侧的倾斜板上展开，然后将塑料条压在昆虫翅膀上，塑料条必须是窄而薄的。用透明胶将塑料条的两端粘在一起，直到干燥。展开翅膀时，飞蛾、蝴蝶等鳞翅目昆虫不应用手触摸，以免鳞粉脱落，应小心用小镊子夹住。鳞翅目昆虫展开翅膀后，翅膀应与身体大致垂直，前翅稍微覆盖后翅。

2. 插针后的效果

插针的位置因昆虫种类而异。主要原因是为了避免由于插针的位置不正确而破坏昆虫胸部的特征，从而影响分类和识别。插入针时，为了确保昆虫针与昆虫体呈90°，防止样本前后、左右倾斜，必须垂直插入。

对于插入的样品，应进一步调整针上虫体的位置，并将所附标签放置到位，使每层清晰、高度一致、易于移动和观察。如果针头插入时的位置过高，即针帽与昆虫体之间的距离过短，移动样本时，容易使昆虫体受伤；位置过低也会影响底部小标签的粘贴。因此，虫体和针帽之间必须保持合适的距离，与标签页也必须保持合适的距离。

3. 蝶蛾类昆虫展翅法

为了便于研究，蝴蝶、蛾的翅膀需要展开（见图1-25）。具体步骤如下：

图1-25 带翅昆虫展翅示意

（1）选择适当型号的昆虫针，结合三层板的高度插入合适的样本，然后将其移入翼板的槽中。确保昆虫背部与翼板两侧木板齐平。调整活动板使其适合昆虫体的尺寸，然后拧紧螺钉固定。双手同时使用两根细针，沿翅膀前缘向右拉动前翅，使前翅与后缘对齐，用针固定，然后拉动后翅，左右对称地将前翼子板的后边缘压在后翼子板的前边缘上，并将其完全压平，然后用透明纸带按压并用针固定。

（2）若在展翅过程中，昆虫触手掉落，应按照其原本结构，利用粘虫胶重组触手。将木板放在烤箱或室内约一周，待样品干燥后取下。取样后，应在样品下方插入一个标签（使用三层板），这样可以认为带翼的样品是完整的。

（3）不同种类的昆虫展开翅膀的要求不同。原则是充分展示翼体的表面特征，使外形完整美观。直翅目、半翅目、鳞翅目两侧的前翅后缘必须在一条水平线上，后翅必须靠近前翅，不能被前翅覆盖（但鳞翅目的后翅前缘应该被前翅部分覆盖）。同翅目和膜翅目昆虫的前翅和后翅通过锁定装置连接，可以用来展开翅膀。双翅目昆虫两侧前翅的上角必须与头部齐平。如果需要，鞘翅目也可以展开翅膀。后挡泥板的前边缘两侧应笔直。

4. 鳞翅目标本整形标准

（1）将针插入虫胸部中间，在虫体背面留下 2.54 cm 长的针。

（2）前翅后缘垂直于昆虫体，两个前翅后缘呈直线。

（3）后翅前缘重叠在前翅后缘下半部分下方，前翅后缘外半部分不与后翅重叠。

（4）触角向前延伸而不重叠。

（5）腹部应向后拉伸，保持平坦，不得凸起或下垂。

规范整姿鳞翅目标本示意见图 1-26。

图 1-26 规范整姿鳞翅目标本示意

5. 针插干制标准

（1）插入样本后，将其放置到位。将虫体放置在姿势板中，使虫体接触姿势板。然后用针固定触角、脚、尾等，以使标本的姿势尽可能接近原生的外观的方式放置，左右对称。通常，前脚向前伸展，中后脚复位。

（2）鳞翅目、蜻蜓目成虫也应将翅膀展开，使前翅后缘垂直于身体，后翅向上延伸，轻轻按压前翅下方，然后用纸条按压。

（3）昆虫干燥后，取下纸条，制作标本。最后，添加两个小标记：其中一个带有采集地点、采集日期和采集人姓名；另外一个写上昆虫的中文名及拉丁名。样品和标签部分的高度应一致。将样本整齐地放在样本盒中，并将樟脑放在盒子中以避免虫蛀。

昆虫标本收藏示意见图 1 - 27。

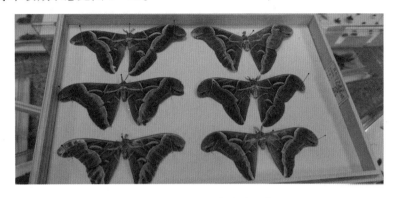

图 1 - 27　昆虫标本收藏示意

6. 注意事项

有昆虫的展翅板应放置在通风、无尘、无虫和无鼠的地方。干燥后，先取下纸带，轻轻提起昆虫针，从展翅上取下标本，并加上标签，以便长期保存。

（1）如果标本没有及时制成，应将其存放在三角形纸袋或棉层中，编号并做好登记，与药品一起存放。

（2）干燥样品应及时放入样品盒中，并与药物一起存放。注意防潮、防虫和防霉。条件允许的情况下，制作样品柜存放所有样品盒。

五、思考题

1. 不同种类昆虫标本的制作，各有什么注意事项？

2. 昆虫标本的长期保存需要注意什么？

3. 根据制作目的的不同，昆虫标本都有哪些类型？

实验 9　鲫鱼的外形与解剖

一、实验目的

1. 通过观察鲫鱼的外形和内部结构，了解硬骨鱼的主要特征，以及适应水生生活的鱼类形态和结构特征。

2. 学习硬骨鱼的解剖方法。

二、实验原理

鱼纲是脊椎动物中种类最多的一个类群，超过其他各纲脊椎动物种数的总和，包括硬骨鱼和软骨鱼两大类。生活在海洋里的鱼类约占全部总数的 58.2%，栖于淡水中的鱼类约占 41.2%。除极少数地区外，不论从两极到赤道，或是由海拔 6 000 m 的高原山溪到洋面以下的万米深海，都有鱼类生存。在长期的进化过程中，经历了辐射适应阶段，演变成种类繁多、千姿百态、色彩绚丽和生活方式迥异的 22 000 多种鱼类。

鱼纲动物具有体被骨鳞、以鳃呼吸、用鳍作为运动器官和凭上下颌摄食、变温、水生等普遍特征。鲫鱼作为常见的养殖品种，为鲤科鲫属鱼类，具有鱼类常见的主要特征，适于解剖观察鱼纲形态特征。

三、实验材料

活鲫鱼、白色解剖盘、解剖剪刀、镊子、棉花、培养皿、棉球等。

四、实验步骤

1. 鲫鱼的外形观察

取活鲫鱼放入解剖盘中观察。鲫鱼呈纺锤形，两侧扁平，可分为头部、躯干和尾部（见图 1-28）。

（1）头：嘴在末端，两边都没有触须；有成对的鼻孔和眼睛；头部两侧有鳃盖。

（2）躯干和尾部：从鳃盖后缘到肛门，是躯干；从肛门到尾鳍底部的最后一个椎骨是尾部。躯干和尾部的体表覆盖着圆形鳞片，呈覆瓦片状排列。在身体的两侧，从鳃盖的后缘到尾部，有一个由鳞片上的小孔排列的虚线结构，即所谓的侧线。侧线主要用于检测水流的方向、速度和障碍物。身体有成对的胸鳍和腹鳍，以及单个的背鳍、臀鳍和尾鳍。肛门和生殖孔在腹部臀鳍的前方打开。

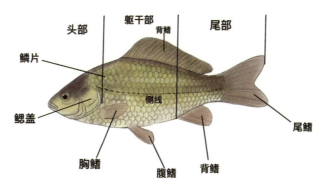

图 1-28 鲫鱼外观结构

2. 解剖

（1）将活鲫鱼腹部向上放在解剖盘上，用解剖剪刀在肛门前部垂直于身体轴线切开一个小口。再将鱼左侧朝上侧卧，将解剖剪刀的尖端插入切口，将体壁向后切至脊柱，然后使用解剖剪刀沿脊柱下部向前切至鳃盖后缘，再沿着盖的后缘切割到胸鳍的前部。

（2）左手用镊子将体壁的肌肉从切口处抬起，右手用镊子小心地将体壁肌肉与腹部分开，然后抬起左侧体壁，露出心脏和肠道。

（3）将解剖剪刀的尖端插入口中，从嘴的左角开始，沿着眼睛的后边缘切掉鳃盖，露出鳃。用棉球擦拭器官周围的血液和组织液。

解剖鲫鱼的步骤见图 1-29。

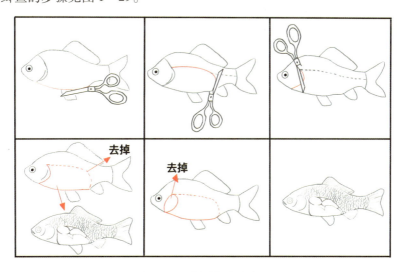

图 1-29 解剖鲫鱼的步骤

3. 鲫鱼的内部结构观察

（1）原位观察

①在胸腔和腹腔前面及最后一对鳃弓的腹侧有一个小腔，这就是围心腔。隔膜将其与腹腔隔开。

②心脏位于围心腔内。

③在胸部和腹部，脊柱的腹侧是一个白色囊状的鱼鳔，覆盖在前后鱼鳔腔之间的三角形深红色组织是肾脏的一部分。

④鱼鳔的腹侧是一个性腺。在成熟个体中，雄性睾丸呈乳白色，雌性卵巢呈黄色。

⑤胸部和腹部的回旋管道是肠。

⑥在肠间的肠系膜上，有深红色、散布的肝胰腺，体积较大。

⑦脾脏是肠和肝胰腺之间的一个细长的红棕色器官。

鲤鱼的内部结构见图1-30。

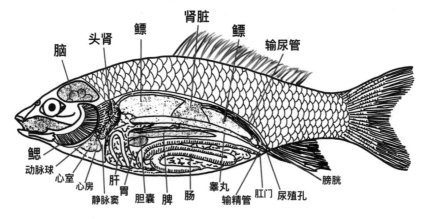

图1-30　鲤鱼内部结构

（2）内部解剖及观察

①消化系统

消化系统包括由口、咽、食管和肠组成的消化道，以及由肝胰腺和胆囊组成的消化腺。

A. 口腔：切除鳃盖和部分上颌后，可以看到口腔由上下颌组成，下颌没有牙齿，口腔后壁由厚肌肉组成，表面有黏膜，腔底后半部分有一个不可移动的三角形舌头。

B. 咽：位于口腔后面，左右两侧有鳃裂、咽齿所在。

C. 食管：位于咽的后部，很短，背部有一个鱼鳔管。

D. 肠：肠与喉咙后部相连，曲折，是身体长度的2~3倍，前粗后细。肠的前2/3

是小肠，最后一部分是直肠。直肠与肛门相连。

E. 肝胰腺：肝胰腺呈深红色，覆盖在胸部和腹腔横膈膜后部之间。

F. 胆囊：胆囊为椭圆形，深绿色，大部分埋藏在肝胰腺内。胆管从胆囊发出，并在肠的前部打开。

消化系统观察完毕后，取出消化管和肝胰腺，再观察生殖器官。

②生殖系统

A. 性腺：性腺被一层非常薄的膜所包围。雄性有一对睾丸，未成熟时通常呈淡红色，成熟时呈白色扁平状；雌性有一对卵巢，未成熟时呈浅橙色，成熟时略带黄色，囊长，几乎充满整个腹腔，里面有许多小型卵粒。

B. 生殖管：即输精管或输卵管，是从性腺表面的膜向后延伸的短管。左右输精管或输卵管在后端汇合后，进入泄殖腔窦，通过泄殖腔开口在体外开放。

生殖系统观察完毕后，取下左侧性腺，再观察呼吸器官。

③呼吸系统

鳃是鱼类的呼吸器官，具有丰富的毛细血管。当水通过鳃丝过滤时，气体与外界（水）的交换就完成了。

A. 鳃周膜：位于鳃盖后缘的膜。

B. 鳃弓：位于咽部两侧，共4对。

C. 鳃片：由鳃丝组成的一块薄片。每个鳃丝的两侧都有许多突出的鳃片。

D. 鳃耙：鳃弓内凹表面有两排三角形突起，左右两侧交替。

E. 鱼鳔：位于胸腔和腹腔的背侧，是一个白色的胶质囊，分为两个腔。后腔的前侧和腹侧发出一根细长的鱼鳔管，通入食管的背壁。前室位于第4节脊椎上，而后室发出鳔管，鳔管通向肠的后部。主要功能不是呼吸，而是调节比重，让鱼在水中自由漂浮。

呼吸系统观察完毕后，取出鱼鳔，再观察排泄器官。

④排泄系统

排泄系统包括肾脏、输尿管和膀胱。

A. 肾脏：靠近腹腔背壁中线两侧的一对红棕色狭长器官。在鱼鳔前后室的交界处，肾脏最宽。每个肾脏前端的体积增加，向左右延伸，进入心包，位于心脏后部。它是头肾，是一个淋巴腺。

B. 输尿管：每个肾脏最宽的地方都有一根狭窄的管道，即输尿管，沿着腹腔后壁向后延伸，两条管道在近端汇合，与膀胱相连。

C. 膀胱：由后输尿管汇合形成，其末端在泄殖腔窦开口。用镊子从臀鳍前面的两个孔插入，观察它们进入直肠或泄殖腔窦的情况，以评估肛门和泄殖腔的体外开口情况。

⑤循环系统

仔细切开打开的围心腔，可以看到心脏由静脉窦、心房和心室组成；然后观察鳃动脉，看到动脉球、腹部大动脉、鳃动脉。

A. 静脉窦：心房和心室后部的深红色长囊，壁很薄，不易观察。

B. 心房：位于静脉窦前方，深红色，囊状。

C. 心室：心房前呈浅红色，倒圆锥形，壁厚，收缩力强。

D. 动脉球：在心室的正前方，它是腹部大动脉底部的肿胀部分，呈圆锥形，形厚，白色。

E. 腹大动脉：一条相当厚的血管，从动脉球向前，位于左右鳃的腹侧中央。

F. 进入鳃动脉的分支：来自腹大动脉两侧的 4 对成对分支分别进入鳃弓。

G. 外支动脉：与鳃内动脉相对应，可见于副蝶骨、前耳骨和外枕骨的下叶。

H. 脾脏：位于小肠的前部和后部，大而细长，呈深红色。

硬骨鱼心脏模拟见图 1-31。

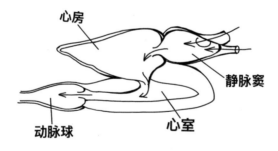

图 1-31　硬骨鱼心脏模拟

⑥神经系统

从两只眼睛的眼眶切下头部背面骨骼，沿着身体长轴方向切下，然后在纵向切口的两端之间横向切开。小心地去除头部的骨头，用棉球吸收银色的脑脊液，使大脑暴露出来。从后脑开始看：

A. 端脑：它由嗅脑和大脑组成。大脑分为两个半球，这两个半球是位于大脑前部的小球体。棒状嗅柄从每个半球的顶部延伸。嗅柄的末端是一个椭圆形的嗅球。嗅柄和嗅觉球构成嗅脑。

B. 中脑：位于端脑后部，体积较大，被小脑瓣挤压并向两侧偏转，每个形成一个半月状突起，也称为视叶。用镊子小心地抬起大脑的末端，然后将整个大脑向后抬起。可以看到，头骨在中脑位置有一个空腔，其中有一个白色的、几乎圆形的小颗粒，这是脑垂体的内分泌腺。

用一把小镊子取出垂体，再进行其他观察。

C. 小脑：位于中脑后部，呈球形，表面光滑。小脑瓣从前部突出并延伸至中脑。

D. 延髓：大脑的最后一部分，由一个面叶和一对迷走叶组成。面叶位于中间，前部被小脑覆盖只能看见它的后部。迷走叶较大，左右两侧成对，位于小脑的后两侧。延髓的后部变窄并与脊髓相连。

五、思考题

1. 鱼生活在复杂的环境中，它们如何感受外部刺激？

2. 水如何进入鱼的嘴里？鱼如何通过鳃呼吸？为什么自来水要储存一段时间才能给鱼换水？

3. 鱼侧线的功能是什么？

4. 鳃丝、鳃弓和鳃耙的功能是什么？

实验 10 蛙的外形与内部解剖

一、实验目的

1. 学习用双毁髓法杀死蛙和一般解剖技术。

2. 通过观察蛙的外形和内部结构，了解两栖动物的基本结构。

3. 掌握蛙的解剖方法。

二、实验原理

在脊椎动物进化史上，两栖动物是从水生到陆地的巨大飞跃，是从水生到陆生的过渡群体，其代表性动物蛙的形态结构清楚地反映了两栖动物对陆生的最初适应和不完善。

蛙的解剖和观察有助于理解生物体的结构和功能，以及生物体对环境的适应。

三、实验材料

活蛙、解剖镜、放大镜、显微镜、解剖剪刀、手术刀、圆镊子、鬃毛或尼龙丝、棉花、针、解剖盘。

四、实验步骤

1. 蛙的外形观察（见图 1-32）

图 1-32 蛙的外形

将活蛙放在解剖盘中，观察其身体。它可以分为 3 个部分：头部、躯干和四肢。

（1）头部扁平，略呈三角形。嘴位于头部的前边缘，宽，横向分开，由上颌和下颌组成。上颌后部前方有一个外鼻孔。它的内腔是鼻腔。有一个可以打开和关闭的鼻瓣。眼睛又大又圆，有上眼睑和下眼睑。在下眼睑的内边缘，有一个半透明的瞬膜，它向上移动以覆盖眼睛。眼睛后面有一个椭圆形突起，即耳后腺（青蛙无耳后腺，蟾蜍有）。耳后腺下方的圆形膜是鼓膜，内部是中耳腔。蟾蜍的两侧都没有鸣囊。

（2）躯干在鼓膜后面。蛙的躯干又短又宽。两条腿之间的躯干背面有一个小孔，是泄殖腔孔，这是泄殖腔通向外界的开口，通常称为肛门。

（3）前肢很短，从近端到远端可以分为 5 个部分，即上臂、前臂、腕、掌和指。腕、掌和指统称为手。两栖动物手上只有 4 根手指，拇指上没有指骨，只有一根短掌骨。在繁殖季节，雄性个体的第一根手指基部内侧会出现一个类似肿瘤的肿块，称为婚瘤，为抱对之用，它可以用来区分雌性和雄性。

（4）后腿很强壮，分为 5 部分：大腿、小腿、跗、跖、趾。跗、跖、趾合称足。足部有 5 个趾，趾之间有蹼，第一个趾内侧有一个突起，称为"距"。

（5）蛙背部的皮肤粗糙，背部中间通常有一条狭窄的浅色纵线，两侧有浅色的背部褶皱。背部皮肤的颜色变化很大，包括黄绿色、深绿色、灰棕色和不规则的黑色斑点。腹部皮肤光滑白皙。

2. 解剖

（1）用双毁髓法杀死活蛙：用左手食指按压头部前端，右手从双眼中心线向后拉动，触摸凹陷的枕孔，从枕孔插入解剖针，搅动大脑（针头的倾斜角度必须很小），将拇指压在背部，使头部向前弯曲，并向后捣毁脊髓，直到蛙的后肢和肌肉完全放松（见图 1－33）。

图 1－33　蛙类双毁髓法操作

（2）左手拿着蛙（腹部朝天），右手拿着剪刀剪开蛙腹部的皮肤，然后直接剪到头部的腹部。

（3）将死蛙的腹侧向上放在解剖盘中，用蛙钉固定四肢，在通气孔前稍微切开腹壁上的皮肤，可以看到腹部中线上有一条纵向的白色结缔组织线，称为腹白线，将腹直肌分成两个对称的部分。从腹部中线左侧切开腹直肌（通过腹直肌，近腹部白线下方可见腹静脉，解剖时应避免切到腹静脉），沿着胸骨中心向前切开肩带，然后在肩带和腰带处从左向右水平切开切面，将腹壁向外翻转，用别针固定切口，露出内脏。

3. 蛙的内部结构观察

（1）原位观察

将双重髓质破坏的蛙腹侧向上放置在解剖盘中，并扩张四肢。左手用镊子夹住腹部后腿底部之间泄殖腔孔前方的皮肤，右手用剪刀剪开所有开口，然后沿着腹部中线从这一点向前剪皮肤，直到下颌前部。然后，将前肢两侧肩带处的皮肤切开去皮，在大腿上做一个圆形切口，并将皮肤剥离到脚上。观察腹壁和四肢的主要肌肉。

（2）内部解剖及观察

①消化系统

蛙头内部解剖模式见图 1-34。

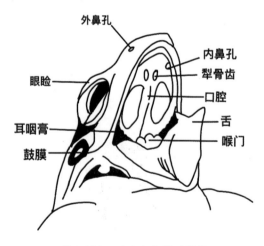

图 1-34 蛙头内部解剖模式

A. 切开蛙的嘴，打开下颌，露出口腔。可以看到，舌头位于口腔底部的中心，舌尖向后移动。蛙的前颌骨、上颌骨和犁体上有小颚齿和犁齿。一对内鼻孔，位于嘴顶壁吻部附近，用探针毛与外鼻孔相连，可以看到它的开口。一对耳咽管孔位于口腔顶壁两侧的嘴角附近，与中耳相连。咽在口腔深处，然后通入食管。喉部是咽腹表面上的一个圆形突起，其中央部分分裂成一个孔，即喉门。

B. 肝脏呈红棕色，由三叶组成，两叶在左侧，一叶在右侧。左右肝叶之间有一个黄绿色椭圆形胆囊，有一个进入十二指肠的管道。

C. 食管是位于心脏和肝脏后部的短管。前端与咽腔相连，后端与胃相连。

D. 胃位于体腔的左侧，从左到右略微弯曲，呈"J"形。食管的一端叫作贲门，外观上没有明显的边界。与小肠相连的一端叫作幽门。这一部分明显收缩，以此与小肠为界。

E. 小肠包括十二指肠和回肠。在与幽门相交处向前弯曲的部分是十二指肠。十二指肠的末端向右和向后弯曲，并在体腔的右下部分，即回肠。

F. 回肠后端的下部是大肠，也称为直肠，与泄殖腔相连。

G. 泄殖腔与直肠相连，并从坐耻骨汇合处向后延伸。因此，这里的腰带必须向前打开才能看清。用剪刀从体腔后端的中心，直肠和坐耻骨会合间隙处插入并切断腰带，直到直肠后部和泄殖腔暴露。

②泄殖系统

雌、雄蛙泄殖系统对比见图1-35。

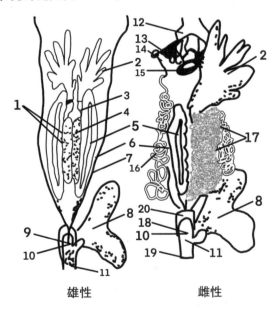

1.输精小管　2.脂肪体　3.华氏器　4.精巢　5.肾上腺　6.输尿管　7.牟勒氏管　8.膀胱　9.牟勒氏管孔　10.输尿管孔
11.泄殖腔　12.胸舌骨肌　13.肺基部　14.喇叭口　15.食管　16.输卵管　17.卵巢　18.输卵管孔　19.泄殖腔孔　20.子宫

图1-35　雌、雄蛙泄殖系统对比

A. 雄性的泌尿系统由肾脏、输尿管、膀胱和泄殖腔组成，生殖器官是一对睾丸。将消化管推到一边，可以在背部中央的两侧看到一对睾丸，通常呈长柱形，前面是黄色，后面稍微有些黑色。睾丸前面有一个扁圆形的小器官，叫作附睾或比特氏器。附睾前部的黄色指状物是一个脂肪体，其大小随季节的变化而变化。睾丸背外侧的一对深红色长器官是肾脏。仔细观察左肾，发现它由几叶组成，腹侧表面嵌有一条橙色的肾上腺。输尿管靠近肾脏的外侧边缘，它是一个薄而半透明的管子。沿着输尿管追溯，可以看到它在泄殖腔的后壁向后内侧行走。两侧合并在泄殖腔的后壁上开口。睾丸通过输精小管进入输尿管，因此输尿管也具有输精的功能。肾脏外侧有一对弯曲的细管，它们是退化的米勒氏管。

B. 雌性泌尿系统由肾脏、输尿管、膀胱和泄殖腔组成，生殖系统由卵巢、输卵管和子宫组成。卵巢在生殖期极为发达，充满了大部分体腔。通过卵巢膜可以看到大量的球形黑卵。因此，在观察到其他器官之前，必须先切除卵巢的一侧（当切除卵巢时，必须将系膜从基部切除，以便将整个卵巢一起切除）。在非生殖季节，卵巢较小。将消化管转到一边，可以看到黄色的卵巢。卵巢外侧长而曲折的管子是输卵管，或称米勒氏管。输卵管前端呈漏斗状扩大，开口靠近肺底侧，称为输卵管腹腔口（或喇叭口）。在成熟个体中，子宫是盘曲输卵管下内侧的膜部分。然而，由于子宫壁非常薄，因此常常被忽视。用注射器从输卵管前部注射带有色素的气体或胶体液体，可以显示整个输卵管和子宫的形状。成熟的卵子落入腹腔，从输卵管的腹腔（喇叭口）进入输卵管，并从输卵管送往子宫。在交配过程中，它们通过泄殖腔排出体外。

毕特氏器在卵巢前也很常见。在比特氏器或卵巢前面有黄色分支的脂肪体。卵巢背面的深红色器官是肾脏。

③呼吸系统

蛙的呼吸系统见图1-36。

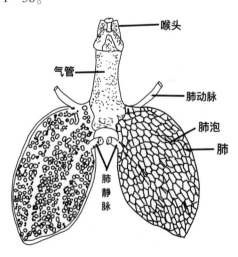

图1-36　蛙的呼吸系统

肺呼吸的器官包括内鼻孔和外鼻孔、口腔、喉和肺。从喉部向内的短而粗的管子是喉部空气导管。喉气管腔纵向切开，壁两侧有一个声带皱褶，为弹性纤维带。喉气管腔与一对肺相连。肺是体腔中一对近椭圆形的薄壁囊状物，呈淡红色。肺囊壁很薄。通过囊壁，内部有许多网状隔膜，将管腔分成许多小腔室。

④循环系统

蛙的循环系统由心脏和血管组成（见图1－37）。

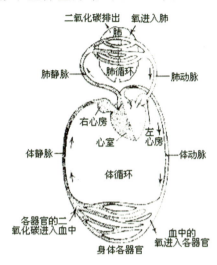

图1－37　蛙的循环系统

心脏位于体腔的前部和肝脏的腹侧。心脏周围有一层膜，称为心包或围心囊。用剪刀小心地剪下心包，可以清楚地识别出两个深红色心房和一个淡红色心室。从心室腹侧表面的右上角，一个向左倾斜的白色管被称为动脉圆锥。用镊子夹住心脏尖端，轻轻翻开心室。在心脏后部，可以看到三条大静脉汇聚成一个深红色薄壁囊，这是静脉窦。

A．心脏：由静脉窦、心房和心室组成。牛蛙有动脉圆锥。

B．静脉窦：心脏背面的深红色三角形囊。

C．心房：2个，薄壁，褶皱囊。

D．心室：1个，圆锥形。

E．动脉圆锥：心室腹面右上方较厚的肌肉管，白色。

五、思考题

1. 在脊椎动物从水生向陆生的过渡过程中，两栖动物适应陆生生活的结构和功能特点是什么？

2. 蛙的循环系统有哪些特点？

实验 11　甲鱼的外形与解剖

一、实验目的

1. 通过观察甲鱼的外观和内部结构，掌握爬行纲的主要特征。

2. 掌握甲鱼的解剖方法。

二、实验原理

爬行纲是体被角质鳞或硬甲、在陆地繁殖的变温羊膜动物，是一支从古两栖类在古生代石炭纪末期分化出来产羊膜卵的类群。它们不但承袭了两栖动物初步登陆的特性，而且在防止体内水分蒸发，以及适应陆地生活和繁殖等方面，获得了进一步发展并超过两栖类的水平。爬行类是真正的陆栖脊椎动物，同时古爬行类还是鸟、兽等更高等的恒温羊膜动物的演化原祖，因此，本纲动物在脊椎动物进化中占有承上启下和继往开来的重要意义。

爬行纲在中生代曾盛极一时，种类和数量极其繁多，现存种类只包括鳄、龟、蜥蜴和蛇等动物。除南极地区外，分布几乎遍及全球而尤以南半球的种类更为繁多，能栖息于平原、山地、森林、草原、荒漠、海洋和内陆水域等各种生活环境。龟鳖目是爬行动物中的特化类群。身体宽短，躯干部被包含在坚固的骨质硬壳内，头、颈、四肢和尾外露，但大多数种类可缩入壳中。甲鱼具有易获得、特征典型的优点，适于作为爬行类动物解剖学习对象。

三、实验材料

活甲鱼、白色解剖盘、解剖剪刀、镊子、棉球等。

四、实验步骤

1. 甲鱼的外形观察

中华鳖（*Trionyx sinensis*），又名甲鱼，几乎分布在全国各地，已被广泛养殖，是中国重要的特殊经济动物，易于获取。其身体分为 5 个部分：头部、躯干、颈部、尾部和四肢（见图 1－38）。

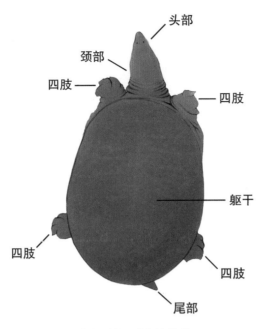

图 1-38　甲鱼的外形

（1）头部：前端是三角形的，喙是管状的，嘴的长度大约等于眼睛的直径。外鼻孔位于前部管状吻突上。嘴裂较宽，上颌略长于下颌，没有牙齿，但上下颌覆盖着坚硬的角喙，非常发达，形成骨板。小眼睛，视力敏锐，圆瞳孔，有眼睑和瞬膜。眼睛后面是一个略微凹陷的鼓膜。

（2）颈部：又粗又长，几乎呈圆柱形，在受到刺激时可以完全缩回背部和腹部指甲之间。当颈部完全伸展时，可以自由运动，几乎可以到达身体的所有部位。

（3）躯干：长略大于宽，接近圆形或椭圆形。背部中间有一条纵向凹槽，两侧略微凸起，穹顶向两侧倾斜，带有背部护甲和腹部护甲。身体表面覆盖着柔软的革质皮肤，还有许多不起眼的疣。甲壳边缘有一圈从内到外、从厚到薄的结缔组织。当甲鱼在水中游泳时，可以看到它这层组织像围裙一样上下浮动，以帮助其掌握方向，故称为"裙边"。甲鱼躯干上覆盖着坚固的甲，内骨板外有一块角质盾。背甲隆起，内层有5块纵向骨板，外层有5块横向角质板。腹甲是平的，内层有9块骨板，外层有6对角质盾。背甲通过甲桥与腹甲连接。

（4）四肢：粗短，有5个脚趾，脚趾之间有发达的蹼，内侧3个脚趾指尖有锋利的爪子。四肢位于身体一侧，受刺激时会收缩到甲壳中。甲鱼的四肢结构适合在水中游泳，也可以在陆地上或水下爬行、攀爬和挖洞。

（5）尾巴：在后腿之间。雄性尾更长（超过裙边），雌性尾更粗更短。泄殖腔口位于尾部后端的腹侧。

2．解剖

（1）捕捉时，必须避免被咬，尾和后腿之间有两个软坑。捕捉更安全的方法是将拇指、食指和中指捏住其软坑，快速将其转移到准备好的容器中，以避免被其后腿抓伤。

（2）用滴管将乙醚或氯仿滴入甲鱼的喉门，使其眩晕。

（3）头部和四肢固定在动物的解剖台上，用剪刀在背甲和腹甲之间剪开，去除腹甲。

（4）解剖时，可以用锯条切断背部和腹部之间的骨骼。

3．甲鱼的内部结构观察

（1）循环系统

打开心包，看到心脏由一个心室和两个心房组成。心室位于腹侧，后端略尖，前端呈方形。心房位于心室前方，静脉窦横向于心室后部，壁很薄。三个动脉弓分别为肺动脉弓、左体动脉弓和右体动脉弓。肺动脉弓分为两条进入肺部的肺动脉。左、右动脉弓合并到背大动脉，并向后移动。

（2）消化系统

消化道从前到后分为口、口腔、咽、食管、胃、小肠、大肠和泄殖腔。消化腺主要是肝脏和胰腺。

①口腔：在两侧切下嘴角，以查看口腔中的结构。上颌和下颌没有牙齿，但有角质喙，嘴的顶壁是硬腭，后面有一个内鼻孔。口腔的底部被舌头占据。舌头很短，无法伸出口腔。

②咽：口腔和食管之间的一条又宽又短的通道。在通往鼓室的咽侧壁上可以看到一对小孔，即咽鼓管孔。咽底壁的背面有喉部，喉部中间有一个喉门。

③食管：前端与咽部相连，沿颈部腹面纵向向后延伸进入体腔与胃相连。

④胃：肉红色，位于胸腹腔的左前方，被肝脏覆盖，呈囊状，与食管相连的是胃的小弯曲。

⑤小肠：分为十二指肠和回肠。胃的幽门部分末端有一个缢痕，然后是胃十二指肠（从左向右移动）和回肠（向后弯曲和扭转）。

⑥大肠：分为盲肠、结肠和直肠。短盲肠是大肠的起始部分，快速扩张的部分是

结肠，末端变薄进入直肠，通向泄殖腔。

⑦泄殖腔：囊状，是消化、泌尿和生殖系统的共同通道，通过泄殖腔孔通体外。

⑧肝脏：位于胸腹腔前部，心脏两侧，覆盖胃和十二指肠，深棕色或黄褐色，分为左右叶。胆囊在右叶，右胆管和十二指肠相通。

⑨胰腺：覆盖十二指肠，浅黄色或浅红色。

甲鱼的消化系统及呼吸系统见图 1-39。

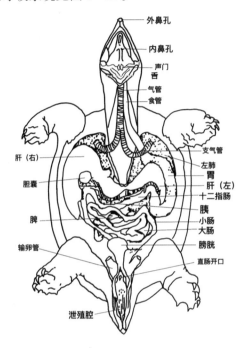

图 1-39 甲鱼的消化系统及呼吸系统

（3）呼吸系统

呼吸系统是由鼻、喉、气管、支气管和肺组成。气管是喉部下方颈部腹侧表面纵向延伸并由软骨环支撑的一细管。气管后部的分支是支气管，左、右支气管进入左或右肺。肺位于背甲内表面附近，左、右叶长而下垂，呈海绵状。直肠通过两个称为副膀胱的囊突伸入腹腔。咽部有一对肾形突起，分布着丰富的血管，如鳃的功能，并具有额外的呼吸功能。甲鱼在睡眠阶段，新陈代谢降低，不会游到水面进行空气交换，而是在水下沉积物中冬眠；在沉积物中，依靠这对肾脏结构、口咽腔和额外的膀胱来交换水中的气体以维持生命。

（4）排泄系统

排泄系统包括肾脏、输尿管和膀胱。一对肾脏，扁平而大，靠近腹部背壁。输尿管从肾脏开始向后延伸到泄殖腔。直肠腹侧的膀胱很大，呈囊状，在泄殖腔腹侧开口（与副膀胱开口相对）。

（5）生殖系统：雌雄异体

①雌性：包括1对卵巢和输卵管。卵巢位于腹腔后部，形状不规则，随季节变化而变化。在繁殖季节，腹腔里充满了成熟的卵。1对输卵管，在卵巢外侧弯曲回转，前端呈喇叭状，打开体腔，喇叭口连接在肠系膜上。后开口位于泄殖腔的背面。

②雄性：1对黄色椭圆形的睾丸位于肾脏的内侧前部。睾丸上方是1对附睾，连接至泄殖腔阴茎下侧的输精管。阴茎位于腹腔壁。

雌、雄甲鱼泄殖系统对比见图1-40。

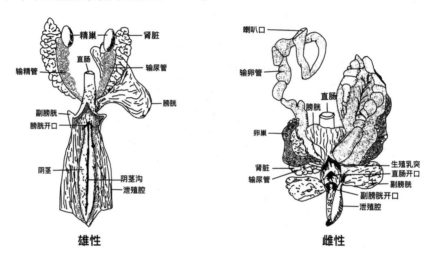

图1-40 雌、雄甲鱼泄殖系统对比

（6）神经系统

剥离头骨会暴露整个大脑。有五个部分：大脑、间脑、中脑、小脑和延髓。大脑半部分的形状较大，嗅叶发达，后部被间脑轻微覆盖。中脑变成一个大的左、右视叶。小脑相对发达。延髓在垂直平面上形成明显的曲线。有12对颅神经。

五、思考题

甲鱼对陆地生物适应性的结构特征是什么？

实验 12　家鸡的外形与内部解剖

一、实验目的

1. 通过对家鸡的解剖和观察，了解鸟类的基本结构及其适应飞行生活的重要特征。

2. 学习鸟类解剖学的方法。

二、实验原理

鸟纲，是脊椎动物亚门的一纲，体均被羽，恒温，卵生，胚胎外有羊膜。前肢成翅，有时退化。多营飞翔生活。心脏是 2 心房 2 心室。骨多空隙，内充气体。呼吸器官除肺外，有辅助呼吸的气囊。其主要特征是全身被覆羽毛，前肢变为翼，能在空中飞翔；体温恒定且高，可达 40 ℃。适应飞翔，骨骼变轻。根据其生态适应性可分为游禽、涉禽、攀禽、陆禽、猛禽、鸣禽六大类。全世界已发现有超过 15 000 余种，中国分布鸟类 1 500 余种。家鸡样本易获得，具有常见的鸟类特征，适于解剖学习。

三、实验材料

活鸡、大解剖板、手术刀、中小镊子、解剖针、大小剪刀、骨剪刀、棉球、棉线、玻璃管。

四、实验步骤

1. 家鸡的外形观察

对活鸡进行观察，家鸡的身体呈纺锤形，可分为 5 个部分：头部、颈部、躯干、尾部和附属物。除了喙和跗跖上的角质层外，全身都覆盖着羽毛（见图 1-41）。

图 1-41　家鸡的外形

（1）头部：头部前端有喙；上部有肉质的冠，下部有肉质的下垂；喙的后部有外鼻孔；眼睛有活动的眼睑和半透明的瞬膜；眼睛后面有被羽毛覆盖的外耳孔。

（2）颈部：修长灵活。

（3）躯干：纺锤形，两侧有翅膀，脚在下部。

（4）尾巴：有尾羽；尾部底部有一对尾部脂肪腺，是鸟类唯一的皮脂腺，排泄油脂保护羽毛。

（5）附属物：包括翅膀和脚。翅膀是前肢，掌骨和指骨部分具有初级飞羽；次级飞羽生于尺骨；三级飞羽生于肱骨；在初级飞羽之前，在翼角附近和第一节指骨上有成团的小翼羽。脚分为股、胫、跗、跖和趾。股和胫上覆盖着羽毛，跗跖的下部露出并覆盖着角质鳞片。公鸡的第一个脚趾上方有一个角质突起，称为距。脚有 4 个脚趾，脚趾末端有爪子。

家鸡的内部结构见图 1 - 42。

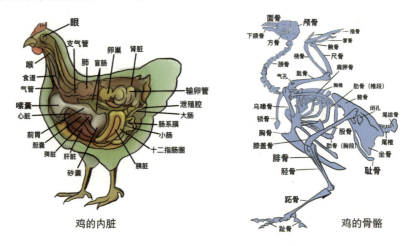

图 1 - 42　家鸡的内部结构

2. 家鸡的处死及解剖方法

（1）将家鸡的头部浸入水中使其窒息死亡，或者用浸有乙醚或氯仿的吸水棉包裹鸡喙，使其死于麻醉。

（2）解剖方法：解剖标本前，用水湿润实验鸡的腹羽，然后将其拔出。拔出脖子上的羽毛时要特别小心。一次不要超过 2～3 羽。沿着羽毛的方向拉出。拔出时，用手按压颈部的薄皮肤，以避免撕裂皮肤。把带羽毛的家鸡放在解剖盘中。注意羽毛的分布，区分羽毛区域和裸露区域。

（3）沿着龙骨突出部分切割皮肤。切口从口腔底部延伸至泄殖腔。使用手术刀的钝端分离皮肤；剥除皮肤时要特别小心，以免损坏。

（4）小心地切断龙骨两侧和叉骨边缘的肋笼；肱骨上端的插入部位在左侧，下面露出的肌肉是小肋笼。然后用剪刀沿着胸骨和肋骨之间的连接处断开肋骨，用骨剪刀切断乌喙骨和叉骨之间的连接。将胸骨和乌喙骨一起取出，观察肠道的自然位置。

3. 鸡的内部结构解剖及观察

（1）肌肉系统观察

小心地切断龙骨两侧和叉骨边缘的肋笼；肱骨上端的插入部位在左侧，下面露出的肌肉是小肋笼。试着触摸这些肌肉以了解它们的功能。

家鸡的胸肌见图1-43。

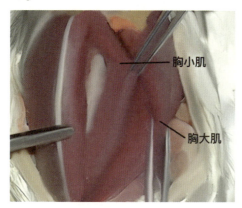

胸小肌

胸大肌

图1-43 家鸡的胸肌

家鸡的结构见图1-44。

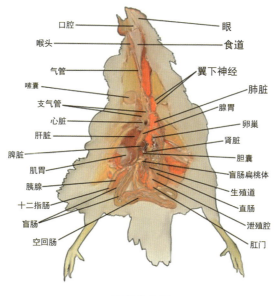

口腔　眼

喉头　食道

气管　翼下神经

嗉囊　肺脏

支气管　腺胃

心脏　卵巢

肝脏　肾脏

脾脏　胆囊

肌胃　盲肠扁桃体

胰腺　生殖道

十二指肠　直肠

盲肠　泄殖腔

空回肠　肛门

家鸡的内部

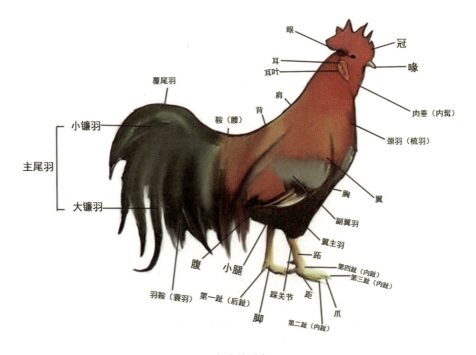

家鸡的外部

图 1-44　家鸡的结构

（2）消化系统

切下喙角，以便观察。上表面和下表面的边缘被剥离。舌头在口腔里，前端呈箭头状。在口腔顶部的两个细长的黏膜褶皱之间是一个内鼻孔。口腔后部是喉部。

①食管：沿着颈部腹侧的左侧向下延伸，并在颈部底部扩展成一个突起，具有储存食物并部分软化食物的功能。

②胃：由腺胃和肌肉胃组成。腺胃，也称为前胃，在上端与嗉囊相连，呈长纺锤形。前腺胃内壁可见丰富的消化腺。肌胃，与前胃相连，位于右肝叶的后缘。这是一个扁平的圆形肌肉袋。打开肌胃，检查肌肉纤维的径向排列。胃壁厚而硬，内壁覆盖着一层坚硬的角蛋白膜，呈黄色和绿色。砂子储存在肌肉胃中，用于磨碎食物。

③十二指肠：位于腺胃和肌胃的交叉处，呈"U"形（弯曲的肠系膜中有胰腺）。

④小肠：又长又细，盘绕在腹腔内，最后与短直肠相连。

⑤直肠（结肠）：直肠短而直，末端开口在泄殖腔。在它和小肠的交叉处有一对豆形盲肠。鸟类的结肠太短，无法储存粪便。

⑥肝脏：分为左叶和右叶，后方有胆囊。肝右叶后部有一个深凹陷，两个胆管从这里被延伸到十二指肠。

⑦胰腺：位于十二指肠之间的肠系膜上，有 3 根胰管通向十二指肠。

（3）排泄系统

①肾：紫褐色，左、右成对，附着在体腔后壁。

②尿道：沿着体腔腹表面下降，进入泄殖腔。鸟类没有膀胱。

③泄殖腔：当泄殖腔切开时，腔中可以看到 2 个横向褶皱，泄殖腔分为 3 个腔，前面较大的一个腔是粪道，直肠开口于此；中间是④泄殖道，输精管（或输卵管）和输尿管在此开口；最后是肛门。

（4）呼吸系统

①外鼻孔：喙基部开口。

②内鼻孔：口顶部中间的纵向凹槽中。

③喉：位于舌根后方，中央纵裂是喉门。

④气管：通常与颈部长度相同，它由 100 ~ 120 个完整的软骨环支撑。在左气管和右气管的分叉处，有一个膜状且相对扩大的鸣管，它有上下鸣肌。它是鸟类特有的发声器官。

⑤肺：左、右肺叶位于胸部后部，是一对弹性的海绵状实体器官。

⑥气囊：数对与肺相连的膜囊，分布在颈部、胸部、腹部和骨骼内部。有颈部气囊、锁骨间气囊、前胸气囊、腹部气囊等。

（5）循环系统

①心脏：位于身体的中线，用镊子将心包向上拔出，然后用小剪刀将其纵向切开，去除心包膜，露出心脏。可以看出，心脏被脂肪带分成两部分。前部棕红色薄壁部分为左心房和右心房，后部壁厚的部分为左心室和右心室（比较左心室壁和右心室壁的差异）。

②动脉系统：动脉分为颈动脉、锁骨下动脉、肱动脉和胸动脉，并各自进入颈部、前肢和胸部。用镊子小心地抬起动脉，轻轻地将心脏拉下来。可以看到，右体动脉弓向背侧移动，然后转化为背动脉。右心室的肺动脉分成两个分支，然后到达肺部。

③静脉系统：管壁薄而深红色。在左心房和右心房前面，可以看到两条粗而短的静脉干，它们是前大（腔）静脉。前大静脉由颈静脉、肱静脉和胸静脉汇合而成。这些静脉几乎与同名动脉平行，因此很容易看到。将心脏向前转，可以看到一条从肝右叶前缘到右心房的血管，是后腔静脉。

从实验观察中，我们可以看到，鸡的心脏很大，分为 4 个腔室；静脉窦退化，只在体动脉弓的右侧留下一个分支。动脉和静脉血液完全分离，建立了完全双循环。

（6）生殖系统

①雄性：位于肾脏前叶腹侧的 1 对睾丸呈豆状、淡黄色。每个睾丸的内侧都有 1 个螺旋管，也就是附睾。附睾下面是 1 条白色弯曲的输精管，与输尿管平行。大多数鸟类没有外部生殖器。

②雌性：右侧卵巢退化，但左侧卵巢充满卵泡；输卵管发达。输卵管的前端通过喇叭口穿过体腔；背弯内壁富含腺体，可以排泄蛋白质并形成蛋壳；末端又短又宽。

五、思考题

1. 鸟类的哪些形态和结构特征适合它们的飞行生活？

2. 鸟类循环系统的特点是什么？

实验 13　家兔的外形与解剖

一、实验目的

1. 通过观察家兔的形状和内部结构，了解哺乳动物的结构特征。

2. 掌握哺乳动物的解剖方法。

二、实验原理

哺乳纲是脊椎动物亚门的一纲，多数种类全身披毛、运动快速、恒温胎生、体内有膈，因能通过乳腺分泌乳汁来给幼体哺乳而得名，可分为原兽亚纲、后兽亚纲和真兽亚纲。哺乳纲有约 1 229 个属 5 676 个物种，分布于世界各地，营陆上、地下、水栖和空中飞翔等多种生活方式；营养方式有草食、肉食 2 种类型。哺乳纲具有一系列先进性特征，具有高度发达的神经系统和感官，能协调复杂的机能活动和适应多变的环境条件；出现口腔咀嚼和消化，大大提高了对能量的摄取；高而恒定的体温（25 ~ 37 ℃），减少了对环境的依赖性；快速运动的能力；胎生（原兽亚纲除外），哺乳，保证了后代有较高的成活率。家兔属兔形目兔科，由一种野生穴兔驯化而来，样本易获得，特征典型，适于作为解剖学习对象。

三、实验材料

活体兔、解剖盘、剪刀、手术刀、解剖剪刀、解剖针、各种钳子、放大镜、注射器、骨钳、棉花、吸水纸等。

四、实验步骤

1. 家兔的外形观察

家兔全身被毛，身体分为 5 个部分：头部、颈部、躯干、四肢和尾部（见图 1 - 45）。

图 1 - 45　家兔的外形

（1）头部：呈长方形，面部区域在眼睛前面，头骨区域在眼睛后面。眼睛在头的两侧。上眼睑和下眼睑旁边是眼前角的瞬膜，可用镊子从眼角将瞬膜拉出。眼睛后面是一对长长的外耳壳。外鼻孔大而长。鼻子的下部是嘴，嘴的边缘有肉质的上下唇。上唇中部有一条纵向撕裂，将上唇分为左右两半。

（2）躯干：可分为胸部和腹部。有明显的腰部弯曲。胸部和腹部由身体一侧的最后一根肋骨界定。雌兔腹部有 3 ~ 5 对乳头（通常为 4 对）；肛门和泄殖孔位于尾根下方、肛门后方和泄殖孔前方。肛门两侧有 1 个无毛点，可以看到突出的鼠蹊腺开口。雌兔泄殖孔被纵向分开，称为外阴；雄兔泄殖孔位于阴茎顶端，有 1 个小开口。在成年雄性兔子中，肛门两侧有 1 个明显的阴囊，在繁殖期间睾丸从腹腔落入阴囊。

（3）四肢：肘部和膝盖出现在四肢。前肢短，肘部向后弯曲，有 5 个手指。后腿长，膝盖向前弯曲，有 4 个脚趾，第一个脚趾退化，脚趾末端有爪。

（4）尾巴：很短，位于躯干的末端。

2. 家兔的处死及解剖方法

（1）家兔的处死方法

空气栓塞。兔子耳朵外缘的静脉很厚，很容易穿刺。首先，用水擦拭针头，用左手食指和中指夹住耳静脉的近端，使血管堵塞，并用左手拇指和无名指固定兔子的耳朵。用右手握住注射器（已向注射器中注入 8 ~ 10 ml 空气），将针头平行插入静脉。将左手食指和中指移动到针上，并用拇指固定针。用右手按压注射器，慢慢注入空气。

当针头插入静脉时，可以看到由于空气的注入，血管从深红色变为白色。如果注射阻力高，或者血管没有变白，或者局部组织肿胀，表明针头没有进入血管，应该拔出并再次插入。注射后立即取下针头，用干棉球按压针孔，确保及时清洁注射器。注入空气后，兔子抽搐一阵后窒息死亡。

（2）家兔的解剖方法

将致死的兔子放在解剖板上，腹部向上，用水把腹部中心的被毛湿润，用解剖剪刀在腹部剪 1 个小孔，然后将皮肤向后剪到泄殖腔孔的前缘，向前剪到下颌，再用镊子提起皮肤，用手术刀从左右两侧剥离皮肤和皮下肌肉。

用镊了抬起腹壁，用解剖剪刀剪开 1 个小口，然后沿着腹部中线切开腹壁（向前至胸骨剑突，向后至泄殖孔前缘），打开腹腔，观察消化系统、排泄系统和生殖系统。

家兔的内部解剖模式见图 1－46。

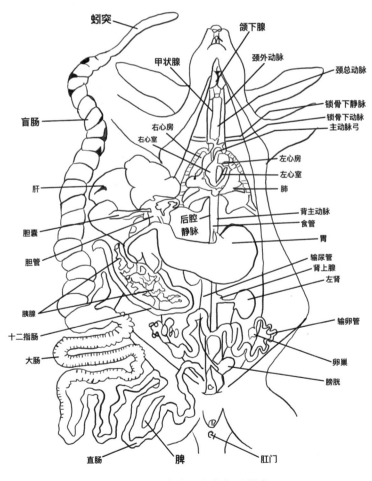

图 1－46　家兔的内部解剖模式

3．家兔的内部结构解剖及观察

（1）消化系统

①消化道：沿着嘴角切开颊部（包括咀嚼肌和皮肤），用骨剪刀切开两侧下颌和头骨之间的关节，完全张开口腔，观察口腔内部结构（见图1-47）。

嘴的前壁是上唇和下唇，脸颊在两侧，硬腭在上壁的前面（表面有成排的角蛋白上皮边缘），肌肉软腭在后面。软腭的后边缘是摆动的，将口腔与喉咙分开。口腔底部有肌肉发达的舌头，表面有许多乳头状突起，其中一些舌头内部有味蕾。兔子有前齿，但没有犬齿。上颚有两对前齿，前后排列（兔子特有）。前门齿长而呈凿子形，后门齿小；前臼齿和臼齿短而宽，具有研磨功能。

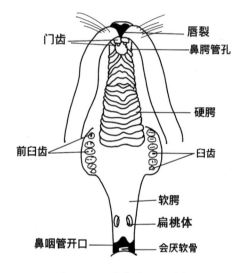

图1-47　家兔的口腔结构

咽软腭后面的空腔是喉咙。沿软腭中线向前切可以看到鼻咽管。前部通过1对内鼻孔与鼻腔相连。喉咙后面有2个通道：一个通过背部的开口进入食管，另一个通过喉咙进入腹面的气管。因此，呼吸道和消化道形成了咽部的连接。喉外是一小块叶状软骨，为会厌软骨。吞咽时，食物通过喉咙刺激软腭，引起一系列反射，从而会厌软骨覆盖喉咙，防止食物意外进入气管。

食管位于气管后部，穿过咽腔，沿着颈部进入胸腔，然后穿过横膈膜穿过胸部后部与胃连接。

胃水平放置在腹腔内，与食管的连接称为贲门，与十二指肠的连接称为幽门，向外凸出的一侧称为大弯，向内凹入的一侧称小弯。

肠分为小肠和结肠。小肠的前段弯曲成"U"形，称为十二指肠。用镊子抬起十二指肠，在 U 形弯曲处扩张肠系膜。可见十二指肠至幽门约 1 cm 处有胆管开口；约 1/3 的十二指肠后段胰管开口。在十二指肠之后，空肠是小肠的最长部分。它形成许多弯曲，呈浅红色。回肠是小肠的最后一段，不那么弯曲，颜色稍深。回肠后面是结肠，结肠和小肠交叉处有一个厚盲肠，其表面上有许多横向凹槽，盲端薄而光滑，称为蚓突。回肠与盲肠相接处膨大而形成的一个厚壁的圆囊，为兔所特有的结构。结肠可分为升结肠、横结肠、降结肠 3 部，管径逐渐狭窄，后接直肠。直肠细长，向上的开口部分附着在胃和十二指肠上，末端开口在肛门上。

②消化腺：用镊子和手术刀从眼窝底部轻轻分离面部皮肤和肌肉，观察唾液腺。

颌下腺位于下颌背侧和腹侧表面的两侧，将皮肤和结缔组织与下颌中线分开，并看到 1 对小的椭圆形淡粉色腺体。

舌下腺位于下颌关节附近，是 1 对小的、扁平的带状腺体。可以用镊子将舌头向上拔，并从下颌处切除舌头的根部。舌下腺可以在舌头基部的两侧找到，颜色较浅（最好一起观察口腔结构）。

眶下腺位于眼眶底部，呈粉红色。需要切掉眼窝前的皮肤和骨骼，轻轻按压眼睛才能看到它。

肝脏呈红棕色，靠近腹腔隔膜，覆盖胃，分为 5～6 叶。胆囊位于右叶中部的后部。胆囊的导管称为胆囊导管，而肝脏的导管则称为肝导管。两者的结合形成了胆总管，位于离幽门不远的十二指肠开口处。

胰脏是粉红色的、分散的、不规则的腺体，附着在十二指肠弯曲处的肠系膜上。胰管进入十二指肠。

脾脏在胃大曲的外侧是一个扁平、长、深红棕色的器官，即脾脏，是最大的淋巴器官。

观察腹腔结构后，用骨钳沿胸骨两侧切开肋骨，然后用镊子小心地分离胸骨内侧的结缔组织，然后切断胸骨（分离胸骨时应特别小心，以免损伤心脏的大动脉）。向左和向右打开胸腔，在兔子的胸腔和腹腔之间有一个肌肉隔膜。打开隔膜，打开胸腔，观察循环和呼吸系统。

（2）循环系统

①心脏：位于胸部前面的两个肺之间，左侧，周围有一层薄薄的心包。心脏底部被胸腺覆盖，胸腺在打开心包后被移除。可以看出，心脏大致呈椭圆形，前端较宽。

与主要血管相连的部分是心脏的下部，后端是尖的。心脏中心附近有一条冠状动脉沟。凹槽的后部是心室，前部是心房。心脏分为左心房和右心房、左心室和右心室，但外部边界不明显。

观察动脉和静脉系统后，在离心脏不远的地方切开心脏周围的大血管，取出心脏并用水冲洗。当心脏打开时，左心室壁厚，右心室壁薄。仔细观察左、右心房和左、右心室的结构，以及血管与心脏四腔的连通情况，找出每个心脏瓣膜的位置和结构。

心脏瓣膜包括三尖瓣（位于右房室开口）、二尖瓣（位于左房室开口）和半月瓣（位于心室弓开口）等。

家兔的心脏结构见图 1-48。

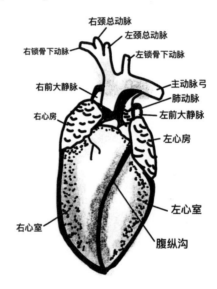

右颈总动脉
左颈总动脉
右锁骨下动脉
左锁骨下动脉
右前大静脉
主动脉弓
肺动脉
右心房
左前大静脉
左心房
左心室
右心室
腹纵沟

图 1-48　家兔的心脏结构

②与心脏相连的大血管：体动脉弓左心室的血管稍微向前伸展，然后向左弯曲，向后移动，沿着脊柱内侧向后移动，通过横膈膜进入腹腔。左动脉弓是从心室向左弯曲的部分；从心脏后部向后延伸的动脉称为背大动脉。

肺动脉弓右心室的大血管较薄，在两个心房之间向左弯曲。去除周围的脂肪后，可以看到它被分成两个分支，每个分支进入左肺和右肺。

肺静脉分为左、右分支，从肺延伸至左心房。

左、右、前、后大静脉在右心房右后侧汇合，进入右心房。

③动脉系统：由肺动脉弓和体动脉弓组成。

冠状动脉从体动脉弓的底部向心脏分布。体动脉弓向左弯曲，向前分出两条动脉。

右侧是无名动脉，左侧是左锁骨下动脉。

无名动脉很短，向前延伸后不久，三条血管就分开了。从左到右依次为左颈总动脉、右颈总动脉和右锁骨下动脉。

左、右锁骨下动脉沿着两侧的第一对肋骨穿透前肢，并延伸到上臂，这被称为肱动脉，为前肢供血。

颈总动脉沿着气管两侧延伸至头部，并向前延伸至下颌角。分为内颈动脉（小）和外颈动脉（厚）。内颈动脉在外侧背侧周围进入大脑，为大脑供血。外颈动脉为头部和面部供血。

左锁骨下动脉和无名动脉分离后，向左侧背侧弯曲，从心脏后部沿着胸腔和腹腔的背侧中心线延伸，称为背大动脉。用镊子向右移动心脏、胃和肠。可以看到，背大动脉沿着主干、肠和后腿的方向分支。主要分支为胸动脉、腹腔动脉、肠系膜前动脉、肾动脉（1 对）、肠系膜后动脉（1 条）、腰动脉（6 对）、髂总动脉（1 条）和尾动脉。

④静脉系统：除肺静脉外，主要有 1 对前后大静脉，从全身静脉收集血液并返回心脏。静脉壁薄，外观呈深红色，大部分与动脉平行。主要静脉有：

前大静脉分为左右锁骨下静脉和左右颈总静脉汇合形成的两个分支。它从静脉注入肩部、胸部、前部和后部，最后注入右心房。

后大静脉由肠、后腿和体壁中的许多血管汇合形成，并通向右心房。它在注入部位与左右前大静脉汇合。流入后大静脉的主要血管有：髂外静脉（1 对）、髂内静脉（1 条）、髂腰肌静脉（1 条）、性腺静脉（1 条）、肝门静脉、肝静脉、肾静脉（1 条）、腰静脉和尾静脉。

肝门静脉抬高肝叶，肝十二指肠韧带中有一条粗静脉，即肝门静脉。肝门静脉从胰腺、胃肠道和网膜收集血液并将其输送至肝脏。

奇静脉位于胸腔的背侧，靠近背大动脉的右侧。它从肋间静脉收集血液，并流入右前腔静脉，右前腔静脉即将进入右心房。

（3）呼吸系统

由鼻腔、喉、气管和肺组成。

①鼻腔：位于颅骨的前部。前端的外鼻孔与外部相连，后端的内鼻孔与咽部相连，内鼻孔的开口与咽部交叉，内鼻孔开口与喉部相连。

②喉部：位于咽后方，由几个软骨组成。移除与颈部相连的肌肉，露出喉部。喉

部的腹侧表面是一个大的甲状软骨，在它的后面是围绕喉部的环状软骨。割喉后，可以看到甲状软骨前缘有一个薄薄的匙状会厌软骨，这是哺乳动物特有的。环状软骨的前后各有一对小的杓状软骨，呈三角形。这些软骨支撑着颈部，让空气很容易通过。喉的纵切面显示，在喉两侧的前后，环状软骨下方有一对膜褶皱，即声带。

③气管：位于口腔较深处，舌隆凸后面。气管壁由许多半圆形软骨支撑。进入胸腔后，气管分为左支气管和右支气管，进入心脏后部附近的肺部。

④肺：位于胸部心脏的左、右两侧，呈粉红色，呈海绵状。左肺分为 2 叶，右肺分为 4 叶。

（4）排泄系统

①肾：1 对，红棕色，蚕豆状，靠近腹腔后壁和脊柱两侧，左肾在右肾后面。每个肾脏前端的内边缘有一个小的黄色扁圆形肾上腺（内分泌腺）。在去除覆盖肾脏表面的脂肪和结缔组织后，可以看到肾脏中有一个凹陷的肾门。

②输尿管：一根白色的细管，从肾门开始直通膀胱背侧。

③膀胱：呈梨形，位于腹腔最后部分的腹侧。后部变窄并进入尿道。

④尿道：是从膀胱到体外排尿的通道。雌兔的尿道短，在阴道前庭腹壁开口；雄兔的尿道很长，在阴茎头部开口，用于排尿和授精。

取出肾脏，从侧面通过肾门打开肾脏，用水冲洗并观察。外围的黑暗部分是皮质层，用肉眼可观察到颗粒。它是肾细胞和肾小管前段的位置。内部具有放射状纹理的部分是髓质部，这是收集尿液的位置。肾脏中间的腔是肾盂。从髓质到肾盂都有乳头状突起，称为肾乳头。尿液通过肾乳头流入肾盂，然后通过输尿管进入膀胱。

（5）生殖系统

①雌性生殖系统：有 1 对卵巢，长椭圆形，非常小，浅红色，位于肾脏的后外侧体壁。成年雌兔的卵巢表面通常呈现半透明的颗粒状突起，这是成熟的卵泡。

1 对输卵管是一根长而细且弯曲的管子，延伸到卵巢外部，前端呈漏斗状扩大，称为喇叭口，面向卵巢。它的边缘形成一个不规则的片状边缘，在腹腔中开口。

子宫是输卵管后端的扩大部分，左右子宫各在阴道内开放。属于双子宫型。

阴道是子宫后面的肌肉直管，位于直肠腹侧和膀胱后部。它的后端仍然是阴道的前庭，与外阴一起在体外开放。雌兔的阴道前庭具有阴道和尿道的功能。

外部生殖器官包括外阴、阴唇和阴蒂。外阴的开口位于肛门的腹侧表面。外阴的两侧弯曲形成阴唇。左右阴唇前后相连。泄殖孔腹缘有一个小突起，叫作阴蒂。

②雄性生殖系统：有 1 对睾丸，白色，卵圆形。成年雄兔的睾丸位于阴囊，睾丸和腹腔通过腹股沟管连接。睾丸可以自由下降到阴囊或缩回到腹腔。一般在非生殖期位于腹腔，生殖期落入阴囊。用镊子拉动精索，将阴囊中的睾丸拉回腹腔进行观察。

精索头部的白色索状组织由输精管、生殖动脉、静脉、神经和腹膜褶皱组成。其前端伴有输精管。它可以固定睾丸并提供营养。

附睾位于睾丸的背侧。是一个大而卷曲的管，旋转形成一个束状的脊。连接睾丸出口管和输精管。

一根白色的管子从附睾中出来。它可以在膀胱背面的两侧找到。进入腹腔后，输精管沿着输尿管腹侧延伸至膀胱后部，并与尿道相连，形成一个共同的通道，即泌尿生殖管，该通道贯穿阴茎并在阴茎端开口。

雄、雌兔的生殖系统对比见图 1-49。

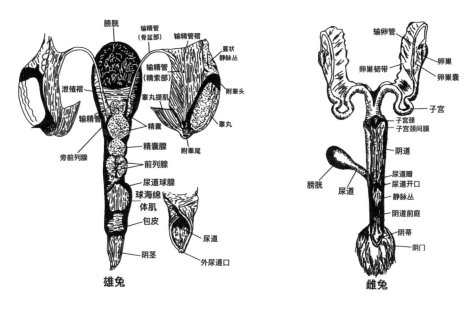

图 1-49 雄、雌兔的生殖系统对比

（6）神经系统

用骨剪刀将兔的颅骨从枕骨部分切割到前额部分，露出大脑后部，然后去除脑膜进行观察。

家兔的神经系统结构见图 1-50。

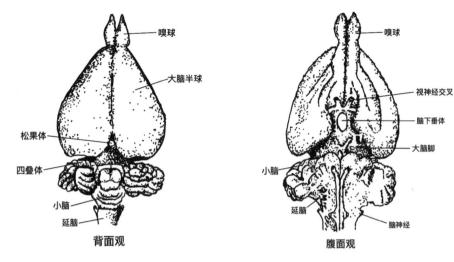

图 1-50　家兔的神经系统结构

①大脑：很发达，比鸟类显著增大。表面光滑，皮质较薄，表面很少沟回。大脑分为左、右两个半球，大脑半球前面是 2 个椭圆形的嗅球。在两个半球的底部，即胼胝体，有白色的神经纤维。

②间脑：被背部的大脑和中脑所覆盖。

③中脑：把大脑半球的后缘拉向前方就能清楚地看到中脑，其背侧形成前后两对突起称四叠体，前一对突起叫上丘脑，为视觉反射中枢，后一对突起叫下丘脑，为听觉反射中枢。

④小脑：发达，分 3 部分，中间是蚓部，蚓部两侧的是小脑半球，小脑半球的外侧称小脑鬈。

⑤延脑：狭窄，前方被小脑蚓部的后缘所遮盖，从后方翻起小脑蚓部可看到在延脑背侧的第四脑室（菱形窝），其上面被薄的血管丛所遮盖。

从腹面可见间脑底部的漏斗和脑垂体。

⑥脑神经：兔有 12 对脑神经，依次为嗅神经、视神经、动眼神经、滑车神经、三叉神经、外展神经、面神经、听神经、舌咽神经、迷走神经、副神经、舌下神经。

（7）骨骼系统

注意哺乳动物特有的结构，如颈椎（7 枚）、单一的齿骨、肘关节和膝关节、连接脊柱和骶骨的髂的大关节区域、耻骨和闭合骨盆。

家兔的骨骼结构见图 1-51。

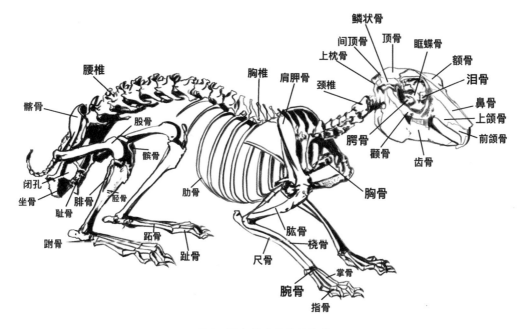

图 1-51　家兔的骨骼结构

五、思考题

1. 哺乳动物的消化、排泄和生殖系统的结构特征是什么?

2. 什么血管进入左心房和左心室? 左心室和右心室有什么区别? 心脏瓣膜的功能
是什么?

第二章　植物学实验

实验 14　植物种子活力的测定

一、实验目的

学习掌握植物种子生活力测定的原理及方法。

二、实验原理

植物种子活力是指种子在发芽和出苗过程中活性强度及特征的综合表现，它反映了种子在各种环境条件下潜在的萌发和出苗的能力。通过种子活力的检测，为种子的萌发及田间的生产提供重要的依据。

种子活力检测的方法较多，包括生物化学法、组织化学法、荧光法、离体胚测定法等。本实验采用氯化三苯基四氮唑（TTC）和红墨水法两种方法对种子活力进行快速检测。

1. TTC 法：有活力的种子活细胞在呼吸过程中都会发生氧化还原反应。TTC 溶液作为一种无色指示剂，被种子吸收后参与了还原反应，在活细胞里产生红色的化合物。种子的活力越强，被染成红色的程度越深；而无活力的种子则无此反应，不会被染成红色。故可以根据种胚染色的部位及颜色深浅判断种子的活力。

2. 红墨水法：有活力的种子，其种胚细胞的原生质具有半透性，能够选择性的吸收外界的物质。红墨水等染料不能进入细胞，种胚不着色。丧失活力的种子，其种胚细胞的原生质丧失了半透性，红墨水等染料可进入细胞内导致种胚着色。所以，可以根据种胚是否染色来判断种子的活力。

三、实验材料

1. 材料：植物（小麦、燕麦等）种子。

2. 仪器：恒温箱、培养皿、烧杯、镊子、刀片、放大镜、解剖针、滤纸等。

3. 试剂：5% 红墨水、1% TTC 溶液。

（1）5% 红墨水：量取 5 ml 红墨水，加蒸馏水 95 ml。

（2）1% TTC 溶液：称取 1 g TTC 溶解于 100 ml 蒸馏水中，溶液需要避光保存。

四、实验步骤

1. TTC 法

（1）浸种：将待测种子用水浸泡 24 h（不同植物有所差异），使其充分吸胀。

（2）显色：随机选择 100 粒吸胀种子（3 个重复），用刀片沿种胚的中心线纵切为两半，将其中一半放入培养皿中，加入 1% TTC 溶液，将种子淹没，然后置于 35 ℃ 的恒温箱中避光染色 0.5 ~ 1 h。

（3）结果观察：将染色结束后的种子用清水冲洗后进行观察（或在放大镜下观察），种胚的全部或者主要结构染成红色的为有活力的种子，而种胚的主要结构之一或染成斑点者为无活力种子。也可拍照进行数码图片的处理辅助统计，统计每个重复中有活力的种子数，计算其平均值和比率。实验中可以设置沸水杀死的种子作为对照观察。

2. 红墨水法

红墨水法和 TTC 法的操作基本相同，区别在于显色阶段加入 5% 红墨水染色 5 ~ 10 min。对染色冲洗完种子进行观察，种胚不着色或着色很浅的为有活力，胚与胚乳等着色相同的则为无活力种子。统计每个重复中有活力的种子数，计算其平均值和比率。实验中可以设置沸水杀死的种子作为对照观察。

五、思考题

1. 植物种子活力测定的方法还有哪些？这些方法的优缺点是什么？

2. 本实验中两种方法的染色时间有何不同？

实验 15 植物种子萌发特性分析

一、实验目的

1. 学习掌握植物种子萌发特性的测定原理及方法。

2. 掌握种子萌发的相关指标的概念及应用。

3. 通过比较不同胁迫处理下种子的萌发特性，进一步理解种子萌发的过程等相关知识。

二、实验原理

种子萌发是高等植物生长发育的起点，也是生命活动最强烈的一个时期。具有活力的种子在适当的发芽条件下，就可以恢复生长，发育成具有根、茎、叶的幼苗。不同植物种子或者不同条件种子的萌发表现出不同的特点。植物种子萌发特性的分析可以为植物的繁殖和栽培利用等提供重要的参考。

本实验萌发特性主要采用发芽率、发芽势、活力指数等指标进行综合评价。

三、实验材料

1. 材料：植物（小麦、燕麦等）种子。

2. 仪器：光照培养箱、培养皿、滤纸、烧杯、容量瓶、电子天平、镊子、直尺等。

3. 试剂：NaCl 溶液。

NaCl 溶液（50、100 mmol/L 浓度）：称取 0.584 g NaCl 溶解于蒸馏水中，定容到 100 ml 配置成 100 mmol/L 母液，稀释到相应浓度即可。

四、实验步骤

1. 种子处理

挑选大小均一、颗粒饱满、无病虫害的燕麦种子。准备好干净的培养皿，培养皿中铺设 2 层滤纸，每个培养皿中整齐摆放 30 粒种子，4 次重复。实验设置 50 和 100 mmol/L 2 个 NaCl 浓度来模拟盐胁迫处理，并以蒸馏水为对照。每个培养皿分别加入 5 ml 不同浓度的 NaCl 溶液，定期更换滤纸和添加溶液，然后把培养皿置于 23 ℃的光照培养箱内。

2. 实验观测

以种子胚根露出时作为发芽标志，每日记录发芽情况。本实验中发芽势统计的天数为 6 d 内，发芽率统计的天数为 14 d 内。实验结束后，用直尺测量幼苗的长度。

3. 结果计算

根据如下公式分别计算种子的发芽率、发芽势、发芽指数及活力指数等指标。

发芽率 $G = \dfrac{14\ d\ 正常发芽种子数}{供试发芽种子数} \times 100\%$

发芽势 $GP = \dfrac{6\ d\ 正常发芽种子数}{供试发芽种子数} \times 100\%$

发芽指数 $GI = \sum (Gi/Di)$

式中：Gi 为第 i 天发芽数；Di 为发芽天数。

活力指数 $VI = GI \times S$

式中：GI 为发芽指数；S 为幼苗平均长度。

五、思考题

1. 比较分析本实验中不同胁迫条件下植物种子的萌发特性。

2. 种子萌发的条件有哪些？

3. 种子萌发指标中发芽势和发芽率的区别是什么？

实验 16　植物根系活力的测定

一、实验目的

1. 学习掌握植物根系活力测定的原理和方法。

2. 学习分光光度计的使用。

二、实验原理

根系活力是指植物根系吸收、合成等方面的能力，可以反映植物根系吸收水分和矿质养分能力的大小，也会直接影响植物的生长发育状况及产量水平等方面，是一项重要的生理指标。

本实验采用氯化三苯基四氮唑法（TTC 法）测定植物根系的活力。TTC 是氧化还原色素，溶于水为无色的溶液，但是可以被根系中的还原性脱氢酶等还原，生成红色而不溶于水的三苯基甲腙（TTF）。根系活力的强弱与红色 TTF 含量的多少存在定量关系，通过测定特定的波长范围的光吸收值即可测定根系的活力。

三、实验材料

1. 材料：植物（小麦、燕麦等）幼苗根系。

2. 仪器：分光光度计、恒温箱、刻度试管、烧杯、容量瓶、培养皿、电子天平等。

3. 试剂：95% 乙醇、乙酸乙酯、次硫酸钠、1% TTC 溶液、0.4% TTC 溶液、0.06 mol/L磷酸缓冲液（PH = 7.0）、1 mol/L 硫酸。

（1）0.06 mol/L 磷酸缓冲液（pH = 7.0）

A 液：称取 Na_2HPO_4 11.876 g 溶于蒸馏水，定容至 1 000 ml；B 液：称取 KH_2PO_2 9.078 g 溶于蒸馏水中，定容于 1 000 ml；使用时取 A 液 60 ml，B 液 40 ml 混合即可。

（2）1 mol/L 硫酸：用量筒量取 55 ml 浓硫酸，边搅拌边缓慢加入盛有 500 ml 蒸馏水的烧杯中，冷却后稀释至 1 000 ml。

四、实验步骤

1. 标准曲线绘制

（1）取 1% TTC 溶液 2 ml 于烧杯中，加入 2 g 次硫酸钠摇匀，加入乙酸乙酯 40 ml 左右摇匀至充分溶解，最后用乙酸乙酯定容至 100 ml 容量瓶，即成 20 μg/ml 三甲基加腙 TTF 标准溶液。

（2）取 6 支试管按照表 2-1 分别配置不同浓度的 TTF 标准溶液，以空白作为参比，在 485 nm 波长下各样品的吸光度。以 TTF 含量（μg）为横坐标，吸光值为纵坐标，绘制标准曲线。可将数据录入 Excel 电子表格中，选择数据插入散点图，添加线性回归的趋势线，可求出线性回归方程及 R^2 值。

表 2-1　TTF 标准曲线绘制的试剂量

管号	1	2	3	4	5	6
TTF 标准溶液/ml	0	1	2	3	4	5
乙酸乙酯/ml	10	9	8	7	6	5
标准液中 TTF 含量/μg	0	20	40	60	80	100

2. 样品处理

取植物根系中位于幼苗根顶端约 2 mm 的根尖组织，每个处理取约 0.2 g 鲜重放入小培养皿，每个处理 3 个重复，加 0.4% TTC 溶液和 0.06 mol/L $Na_2HPO_4-KH_2PO_2$ 缓冲液的等量混合液 10 ml，37 ℃暗处温育 3 h。后加入 1 mol/L 硫酸 2 ml，以终止反应。

3. 结果测定

把根取出，擦干水分，然后放到 95% 乙醇中进行水浴 80 ℃浸提 15 min，将红色浸提液滤入试管，定容至 10 ml，用分光光度计在波长 485 nm 比色，以空白对照读出溶液的吸光值，查标准曲线，即可求出 TTC 还原活力。

4. 结果计算

根据如下公式计算 TTC 还原活力：

$$TTC 还原活力 = \frac{C}{W \times t}$$

式中：TTC 还原活力的单位是"μg/（g·h）"；C 为标准曲线的 TTC 还原量（μg）；W 为根尖鲜重（g）；t 为时间（h）。

五、思考题

1. 实验加入硫酸的作用是什么？

2. 实验加入乙酸乙酯的作用是什么？

实验 17　植物组织含水量的测定

一、实验目的

学习掌握植物组织中含水量测定的原理和方法。

二、实验原理

植物组织的含水量是反映植物水分生理状况的重要指标。植物组织含水量不仅会直接影响植物的生长发育，还会影响植物的品质及种子的安全贮藏等。所以，测定植物组织含水量在植物的生理生化代谢研究中具有重要的理论和实践意义。

植物含水量常用加热烘干法来测定。含水量的表示常用鲜重或干重表示，有时也用相对含水量（relative water content，RWC）或饱和含水量表示。

三、实验材料

1. 材料：植物叶片。

2. 仪器：电子天平、干燥器、烘箱、离心管、铝盒、试管、吸水纸等。

四、实验步骤

1. 自然含水量

（1）铝盒称重：将实验用的铝盒置于 105 ℃恒温烘箱中烘干至恒重（2 次称量的误差不得超过 0.002 g），称量铝盒重量 m_1，放入干燥器中待用。

（2）样品处理：将待测叶片剪碎装入已知重量的铝盒中，称取铝盒与样品的重量 m_2（精确至 0.000 1 g），然后于 105 ℃烘箱中干燥 4～6 h，在干燥器中冷却后称量，反复烘干直至恒重。最后称得铝盒与干样品的重量 m_3。

（3）结果计算：计算公式如下。

$$W = (1 - \frac{m_3 - m_1}{m_2 - m_1}) \times 100\%$$

式中：m_1 为铝盒重量（g）；m_2 为铝盒和样品重量（g）；m_3 为铝盒和干样品重量（g）。

2. 相对含水量

（1）样品处理：称取植物叶片约 0.2 g（精确至 0.000 1 g），记录鲜重（FW）；用干净纱布包裹，将样品浸入装有等量蒸馏水的 50 ml 离心管中，置于 4 ℃冰箱中放置 24 h。待叶片充分吸水后，用吸水纸轻轻擦干表面水分，称重记为饱和重（SW）。然后将样品装进准备好的铝盒中于105℃烘箱恒温烘干至恒重，具体方法步骤同方法1自然含水量测定中，最后得到样品干重（DW）。每个样品3次重复。

（2）结果计算：计算公式如下。

$$RWC = \frac{FW - DW}{SW - DW} \times 100\%$$

式中：FW为样品鲜重（g）；SW为饱和重量（g）；DW为样品烘干重（g）。

五、思考题

绝对含水量和相对含水量的区别是什么，两者谁更能代表植物的水分生理状况？

实验 18　植物叶绿素含量的测定

一、实验目的

1. 学习掌握植物组织中叶绿素含量测定的原理和方法。

2. 学习分光光度计的使用。

二、实验原理

光合作用是高等植物最重要的生物过程之一，叶绿体是进行光合作用的重要场所，其中含有吸收光能的光合色素。叶绿体色素由叶绿素 a、叶绿素 b、胡萝卜素和叶黄素组成。叶绿素的含量与光合作用密切相关，是反映植物生长发育状态等的重要评价指标。

本实验采用乙醇提取法测定。叶绿素不溶于水，而溶于有机溶剂，故可以采用乙醇或丙酮等有机溶剂进行提取。利用乙醇提取植物叶片中的叶绿素时，其中叶绿素 a、叶绿素 b、类胡萝卜素的最大吸收峰的波长分别为 665 nm、649 nm 和 470 nm，根据吸光度可定量计算叶绿素的含量。

三、实验材料

1. 材料：植物叶片。

2. 仪器：分光光度计、恒温箱、刻度试管、电子天平、研钵、容量瓶、漏斗、滤纸、移液器、滴管、剪刀等。

3. 试剂：95% 乙醇或 80% 丙酮。

四、实验步骤

1. 样品提取

取 0.1 g 新鲜叶片擦净并将其剪碎混匀，装入具塞刻度试管，加入 95% 乙醇（或 80% 丙酮）10 ml，使其完全浸没。置于 30～40 ℃ 恒温箱遮光浸提，直至叶片全部变白。样品提取也可用研磨提取，先加少量乙醇对叶片进行研磨，研磨成匀浆后过滤转移到容量瓶，过滤中用乙醇滴洗滤纸至无色，最后用乙醇进行定容即可得到叶绿素的提取液。

2. 测定

取浸提液倒入比色皿内，以 95% 乙醇为空白，分别于 470 nm、649 nm 和 665 nm

下测定吸光值。

3. 结果计算

根据如下公式计算即可得到叶绿素 a、叶绿素 b、类胡萝卜素的浓度及含量。

$$C_a = 13.95 \times A_{665} - 6.88 \times A_{649}$$

$$C_b = 24.96 \times A_{649} - 7.32 \times A_{665}$$

$$Cx \cdot c = \frac{1\,000 \times A_{470} - 2.05 \times C_a - 114.8 \times C_b}{245}$$

$$叶绿素含量 = \frac{C \times V}{W}$$

式中：叶绿素含量的单位是 "mg/g"；C 为叶绿素浓度；V 为提取液总体积（ml）；W 为材料鲜重（g）。

五、思考题

1. 实验中为什么用有机溶剂进行叶绿素的提取，叶绿素提取的方法还有哪些？
2. 植物不同部位的组织和器官的叶绿素的含量存在差异吗，为什么？

实验 19　植物丙二醛的测定

一、实验目的

1. 学习掌握植物组织中丙二醛（MDA）含量测定的常用方法和原理。

2. 通过比较不同胁迫处理下植物组织中丙二醛含量的变化，进一步理解植物细胞膜脂过氧化作用等相关知识。

二、实验原理

MDA 是生物体内膜脂过氧化的最终产物之一，其含量的高低可以作为植物等细胞受到胁迫严重程度的指标之一。通过测定植物组织中丙二醛的含量可以反应出膜脂过氧化、膜系统受损的程度及植物的抗逆特性。

本实验采用硫代巴比妥酸（TBA）法测定。用在酸性和高温条件下，MDA 可与 TBA 发生反应生成红棕色的三甲氯（3，5，5－三甲基恶唑－2，4－二酮）。该产物在 532 nm 处有最大光吸收，在 600 nm 处有最小光吸收。利用 532 nm 与 600 nm 下的吸光度的差值可计算 MDA 的含量。此外，由于植物在逆境条件下其组织中的可溶性糖含量会升高，而可溶性糖与 TBA 会发生反应，在 450 nm 处有最大光吸收，需要排除相应的干扰。

三、实验材料

1. 材料：胁迫条件下的植物（小麦、燕麦等）叶片。

2. 仪器：分光光度计、离心机、水浴锅、离心管、刻度试管、电子天平、研钵、移液器、培养皿、剪刀等。

3. 试剂：石英砂、15% PEG－6000 溶液、1% 三氯乙酸（TCA）溶液、0.6% TBA 溶液。

（1）10% TCA 溶液：称取 10 g 三氯乙酸，用蒸馏水溶解并定容到 100 ml。

（2）0.6% TBA 溶液：称取 0.6 g TBA，用 10% TCA 溶液溶解并定容至 100 ml。

四、实验步骤

1. 植物胁迫处理

采用燕麦种子作为实验材料，对萌发期的燕麦幼苗进行 PEG 模拟干旱胁迫处理。燕麦种子萌发操作具体参见本书实验 15，设置蒸馏水和 15% PEG－6000 溶液（不同物种浓度可以调整）两个处理。期间定期更换滤纸保持浓度，胁迫15 d后结束。分别采集对照和胁迫条件下燕麦幼苗叶片进行MDA的提取测定。

2. MDA的提取

称取0.2 g燕麦叶片，加入少量石英砂和2 ml10% TCA研磨至匀浆，4 000 r/min离心10 min，上清液为提取液。

3. 显色与测定

取0.5 ml MDA提取液于带塞试管中，每个处理3个重复，加入1 ml的0.6% TBA溶液，沸水浴15 min，在冰浴上快速冷却至室温，随后在4 000 r/min下离心10 min。以反应液为空白，取上清液分别在450 nm、532 nm和600 nm处测定吸光值。

4. 结果计算

先后计算提取液中MDA的浓度及含量，公式如下：

MDA浓度 $C = 6.45 \times (A_{532} - A_{600}) - 0.56 \times A_{450}$

MDA含量 $= \dfrac{C \times V}{W}$

式中：MDA浓度 C 的单位是"μmol/L"；MDA含量的单位是"μmol/g"；V 为提取液总体积（ml）；W 为材料鲜重（g）。

五、思考题

1. 实验中不同胁迫处理后叶片的MDA含量的变化如何？并分析其变化的原因。

2. 如果可溶性糖含量对MDA含量测定有影响，如何消除其影响？

实验 20 植物可溶性糖的测定

一、实验目的

1. 学习掌握植物组织中可溶性糖含量测定的常用方法和原理。

2. 了解不同植物体内或不同器官组织中可溶性糖含量的水平及差异。

二、实验原理

本实验采用蒽酮比色法。植物体内的糖在浓硫酸的作用下，经过脱水反应生成糖醛，生成的糖醛或羟甲基糖醛可与蒽酮反应生成蓝绿色糖醛衍生物。在一定范围内，其颜色深浅与糖含量有定量关系，在 625 nm 条件下的吸光度与可溶性糖含量呈线性相关，可进行糖的定量测定。

三、实验材料

1. 材料：植物种子或叶片等。

2. 仪器：分光光度计、离心机、水浴锅、离心管、刻度试管、电子天平、容量瓶、移液器、剪刀等。

3. 试剂：浓硫酸、100 μg/ml 葡萄糖标准溶液、蒽酮试剂。

（1）100 μg/ml 葡萄糖标准溶液：称取葡萄糖 100 mg，用蒸馏水溶解并定容至 1 000 ml。

（2）蒽酮试剂：0.1 g 蒽酮溶解于 100 ml 的 80% 浓硫酸，置于棕色瓶保存。

四、实验步骤

1. 标准曲线绘制

取 6 支试管按照表 2 - 2 分别配置不同浓度的葡萄糖标准溶液。在配好的不同浓度的标准溶液中各加入 5 ml 蒽酮 - H_2SO_4 试剂，混匀后置于沸水浴中加热 10 min，取出后迅速用水冷却至室温，测定 625 nm 波长下各样品的吸光度。以糖含量（μg）为横坐标，吸光值为纵坐标，绘制标准曲线。可将数据录入 Excel 电子表格中，选择数据插入散点图，添加线性回归的趋势线，可求出线性回归方程及 R^2 值。

表 2-2 可溶性糖测定中标准曲线绘制的试剂量

管号	1	2	3	4	5	6
标准葡萄糖溶液/ml	0	0.2	0.4	0.6	0.8	1.0
蒸馏水/ml	2.0	1.8	1.6	1.4	1.2	1.0
葡萄糖含量/μg	0	20	40	60	80	100

2. 样品的提取

称取植物干样粉末或鲜样（鲜样的量可适当增加，剪碎研磨）25 mg 于 15 ml 离心管中，加入 10 ml 蒸馏水，沸水浴 1 h，期间不断搅拌，提取液过滤转入到 25 ml 的容量瓶，反复冲洗离心管并定容。

3. 样品的测定

取待测样品溶液 1 ml，每个样品重复 3 次，加入 5 ml 蒽酮 - H_2SO_4 试剂并混匀，方法同绘制标准曲线的测定方法，3 次重复，记录 625 nm 波长下样品的吸光度。

4. 结果计算

首先将待测液的吸光值带入线性回归方程求出可溶性糖的含量，然后根据如下公式计算：

$$可溶性总糖 = \frac{C \times V_1}{W \times V_2 \times 10^3}$$

式中：可溶性总糖的单位是"μg/g"；C 为从标准曲线上计算得到待测样品的可溶性糖的量（μg）；V_1 为提取液体积（ml）；V_2 为吸取待测样品溶液体积（ml）；W 为样品的重量（g）。

五、思考题

1. 植物可溶性糖测定的方法还有哪些？

2. 本实验中的蒽酮比色测定的糖的种类包括哪些？

实验 21 植物脯氨酸的测定

一、实验目的

1. 学习掌握植物组织中脯氨酸（Pro）测定的方法和原理。

2. 通过比较不同胁迫处理下植物组织中脯氨酸含量的变化，进一步理解植物渗透调节物质及抗逆性等相关知识。

二、实验原理

脯氨酸（Pro）是植物体内最重要的渗透调节物质之一。作为渗透调节物质，维持原生质与环境的渗透平衡；增强蛋白质的水合作用和可溶性，保持膜结构的完整性；植物在逆境胁迫条件下，体内的脯氨酸的含量会显著增加，且增加程度与抗逆性相关。因此，脯氨酸也作为植物抗逆特性研究的一个重要评价指标。

本实验采用酸性茚三酮法。用磺基水杨酸提取植物样品时，脯氨酸溶解于磺基水杨酸溶液中；然后用酸性茚三酮加热处理，茚三酮与脯氨酸反应生成稳定的红色化合物；再用甲苯萃取，使红色化合物全部转移至甲苯中。一定范围内，其颜色深浅与脯氨酸含量有定量关系，在 520 nm 条件下的吸光度与脯氨酸含量呈线性相关，可进行脯氨酸含量的定量测定。

三、实验材料

1. 材料：胁迫条件下的植物（小麦、燕麦等）叶片。

2. 仪器：分光光度计、离心机、水浴锅、离心管、刻度试管、电子天平、容量瓶、研钵、移液器、剪刀等。

3. 试剂：冰醋酸、甲苯、3%磺基水杨酸、2.5%酸性茚三酮溶液，10 μg/ml 脯氨酸标准母液。

（1）2.5%酸性茚三酮溶液：称取 2.5 g 茚三酮溶于 60 ml 冰醋酸和 40 ml 6 mol/L 的磷酸中，70 ℃水浴加热搅拌，贮于 4 ℃冰箱。

（2）10 μg/ml 脯氨酸标准母液：称取 25 mg 脯氨酸溶解于蒸馏水中，定容于 250 ml 容量瓶，再取 10 ml 原液用蒸馏水稀释定容到 100 ml 即可。

四、实验步骤

1. 植物胁迫处理

采用燕麦种子作为实验材料，对萌发期的燕麦幼苗进行 PEG 模拟干旱胁迫处理。燕麦种子萌发及胁迫处理等操作具体参见本书实验 19。

2．标准曲线绘制

取 6 支试管，按照表 2 - 3 分别配置不同浓度的脯氨酸标准溶液。在配好的不同浓度的标准溶液中各加入 2 ml 冰醋酸和 2 ml 茚三酮，混匀后置于沸水浴中加热 15 min。取出冷却后向各试管注入 5 ml 甲苯，充分摇匀进行萃取。吸取脯氨酸甲苯溶液于 520 nm 波长下测定各样品的吸光度。以脯氨酸含量（μg）为横坐标，吸光值为纵坐标，绘制标准曲线。可将数据录入 Excel 电子表格中，选择数据插入散点图，添加线性回归的趋势线，可求出线性回归方程及 R^2 值。

表 2 - 3　脯氨酸测定中标准曲线绘制的试剂量

管号	1	2	3	4	5	6
标准脯氨酸/ml	0	0.2	0.4	0.6	0.8	1.0
蒸馏水/ml	2.0	1.8	1.6	1.4	1.2	1.0
脯氨酸含量/μg	0	2	4	6	8	10

3．样品的提取

称取处理后的燕麦叶片 0.5 g，剪碎至试管中，加入 5 ml 3% 磺基水杨酸溶液后，置于沸水浴中加热提取 15 min。

4．样品的测定

吸取 2 ml 提取液于试管，各加入 2 ml 冰醋酸和 2 ml 茚三酮，方法同绘制标准曲线的测定方法，3 次重复，记录 520 nm 波长下样品的吸光度。

5．结果计算

首先将待测液的吸光值带入线性回归方程求出脯氨酸的含量；然后根据如下公式计算：

$$脯氨酸含量 = \frac{C \times V_1}{W \times V_2}$$

式中：脯氨酸含量的单位是"μg/g"；C 为从标准曲线上计算得到待测样品的脯氨酸的含量（μg）；V_1 为提取液体积（ml）；V_2 为吸取待测样品溶液体积（ml）；W 为样品的重量（g）。

五、思考题

实验中不同胁迫处理后叶片的脯氨酸含量的变化及原因？

实验 22　植物细胞膜透性的测定

一、实验目的

1. 学习掌握植物细胞膜透性的测定原理和方法。

2. 通过不同胁迫条件下的细胞膜透性的比较，进一步理解逆境胁迫对植物的不利影响。

3. 学习电导仪的使用。

二、实验原理

植物细胞膜对于维持细胞正常的生理代谢具有重要的作用。正常情况下，细胞膜具有选择透过性，但当植物受到逆境胁迫时，细胞膜遭到破坏，膜透性增大，细胞内的电解质外渗。膜透性的增大程度与植物的抗逆特性强弱相关。

本实验采用电导仪法。在逆境胁迫下，植物细胞膜受到损坏，透性增大，细胞内外渗物质增加导致浸提液的电导率增大。该变化可以通过电导仪测定出来。电导率越大，表明细胞膜透性越大，受害越严重。

三、实验材料

1. 材料：胁迫条件下的植物叶片（小麦、燕麦等）。

2. 仪器：电导率仪、真空泵、真空干燥器、恒温培养箱、电炉、烧杯、试管、电子天平、镊子、剪刀、滤纸条等。

四、实验步骤

1. 植物胁迫处理

采用燕麦种子作为实验材料，对萌发期的燕麦幼苗进行 PEG 模拟干旱胁迫处理。燕麦种子萌发及胁迫处理等操作具体参见本书实验 19。也可以将叶片置于低温（高温）等不同环境进行胁迫处理，分别采集对照和胁迫条件下燕麦幼苗叶片进行细胞膜透性的测定。

2. 样品处理及电导率测定

称取 0.15 g 叶片，蒸馏水冲洗 4 次，拭去表面水分，剪刀剪成 1 cm 左右小段，放入内装有 10 ml 去离子水的试管，3 个重复。然后将试管放入真空干燥箱中用真空泵抽气 10 min 后，缓缓放入空气。再将试管于 25 ℃恒温箱中放置 24 h，用电导仪测定初始电导率（S_1）。最后将试管放入烧杯中加热煮沸 2 h 至叶片发黄后取出，用自来水冷却至室温，测定终电导率（S_2）。

3．结果计算

按照如下公式进行计算：

$$相对电导率 = \frac{S_1}{S_2} \times 100\%$$

式中：S_1为叶片杀死前初始电导值；S_2为叶片杀死后电导值。

五、思考题

1．比较分析不同处理下电导率的差异并解释原因。

2．植物的抗逆性与细胞膜透性有何关系？

实验 23　植物超氧化物歧化酶的测定

一、实验目的

1. 学习掌握植物超氧化物歧化酶（SOD）的测定原理和方法。

2. 通过比较不同胁迫处理下植物组织中超氧化物歧化酶含量的变化，进一步理解其在抗逆反应中的作用。

二、实验原理

SOD 广泛存在于植物体内，是一种能够清除超氧阴离子自由基的抗氧化酶，在植物抗逆反应中发挥着重要的作用。

本实验采用氯化硝基四氮唑蓝（NBT）光化还原法测定 SOD 活性。酶的测定一般以一定时间内产物生产量或者底物消耗量作为酶的活性单位。该种方法主要是通过 SOD 能够抑制 NBT 在光下的还原作用来确定酶活性的大小。在有氧物质存在下，核黄素可被光还原，被还原的核黄素在有氧条件下极易氧化而产生超氧阴离子，产生的超氧阴离子可将 NBT 还原为蓝色的甲腙，其在 560 nm 波长下具有最大吸收峰。而加入 SOD 可清除超氧阴离子，从而抑制甲腙的形成。酶的活性越高，形成的蓝色化合物越少，颜色越浅。据此，可以计算出酶活性的大小。

三、实验材料

1. 材料：胁迫条件下的植物（小麦、燕麦等）叶片。

2. 仪器：分光光度计、高速离心机、光照培养箱、研钵、刻度试管、烧杯、电子天平、移液器、剪刀等。

3. 试剂：0.05 mol/L 磷酸缓冲液、130 mmol/L L－蛋氨酸溶液、750 μmol/L NBT 溶液、100 μmol/L 乙二胺四乙酸二钠溶液、200 μmol/L 核黄素溶液。

（1）0.05 mol/L 磷酸缓冲液（PBS，pH＝7.8）：A 液，称取 Na_2HPO_4 71.7 g 溶于蒸馏水，定容至 1 000 ml；B 液，称取 NaH_2PO_2 31.2 g 溶于蒸馏水中，定容于 1 000 ml；使用时取 A 液 228.75 ml，B 液 21.25 ml 混合，用蒸馏水定容至 1 000 ml。

（2）130 mmol/L L－蛋氨酸溶液：称取 1.940 g 蛋氨酸，用磷酸缓冲液定容至 100 ml；

（3）750 μmol/L NBT 溶液：称取 0.061 g NBT，用磷酸缓冲液定容于 100 ml，避光保存。

（4）100 μmol/L 乙二胺四乙酸二钠（EDTA－Na$_2$）溶液：称取 0.037 g EDTA－Na$_2$，用磷酸缓冲液定容至 1 000 ml；

（5）20 μmol/L 核黄素溶液：称取 0.007 5 g 核黄素用蒸馏水定容至 1 000 ml，棕色瓶避光保存。

四、实验步骤

1. 植物胁迫处理

采用燕麦种子作为实验材料，对萌发期的燕麦幼苗进行 PEG 模拟干旱胁迫处理。燕麦种子萌发及胁迫处理等操作具体参见本书实验 19。分别采集对照和胁迫条件下燕麦幼苗叶片进行 SOD 的提取测定。

2. 酶液提取

取 0.25 g 燕麦叶片（可根据情况调整用量），加入 2 ml 预冷的磷酸缓冲液（PBS）提取液，冰浴研磨成匀浆，于 4 ℃下 10 000 r/min 离心 20 min，上清液即为粗酶提取液。

3. 显色反应

准备干燥的试管，按表 2－4 依次加入各显色试剂，混匀，于 25 ℃ 4 000 lx 光照强度的培养箱反应 20 min，观察各管变化（反应结束时 CK$_0$无紫色产生，CK 最大变为暗紫色，测定管变为亮紫色）。置于黑暗中以终止反应，在 560 nm 处测定各样品的吸光值。

表 2－4　SOD 活性测定试剂及其用量

试剂	测定管	CK$_0$（调零）	CK（对照）
pH7.8 磷酸缓冲液/ml	1.1	1.25	1.15
核黄素溶液/μl	100	100	100
L－蛋氨酸溶液/μl	100	100	100
EDTA－Na$_2$溶液/μl	50	50	50
粗酶液/μl	50	0	0
NBT 溶液/μl	100	0	100

4. 结果计算

按照如下公式进行计算：

$$SOD\ 酶活性 = \frac{(A_{ck} - A_n) \times V_1}{0.5 \times A_{ck} \times W \times V_2}$$

式中：SOD 酶活性的单位是"U/gFw"；A_{ck} 为对照管吸光值；A_n 为待测样品吸光值；V_1 为提取液体积（ml）；V_2 为吸取待测样品溶液体积（ml）；W 为样品的重量（g）。

五、思考题

1. 比较不同胁迫处理下样品 SOD 值的变化情况并解释其原因。

2. 本实验中 SOD 的测定为什么设置黑暗和照光两个对照管？

实验 24　植物过氧化物酶测定

一、实验目的

1. 学习掌握植物过氧化物酶（POD）的测定原理和方法。

2. 通过比较不同胁迫处理下植物组织中过氧化物酶含量的变化，进一步理解其在抗逆反应中的作用。

二、实验原理

POD 广泛存在于植物体内，也是植物体内抗氧化酶系统的重要组成部分，同时与植物的呼吸作用、光合作用、生长素的氧化及木质素的形成等都有一定的关系。

本实验采用愈创木酚法测定。在有过氧化氢（H_2O_2）存在时，POD 能使愈创木酚（2-甲氧基苯酚）生成茶褐色的 4-邻甲氧基苯酚。该产物在 470 nm 处有最大的吸收峰，且在一定范围内其颜色的深浅与产物的浓度成正比，因此可测定 POD 活性。

三、实验材料

1. 材料：胁迫条件下的植物（小麦、燕麦等）叶片。

2. 仪器：分光光度计、高速离心机、研钵、刻度试管、离心管、电子天平、移液器、剪刀等。

3. 试剂：愈创木酚、30% 过氧化氢（H_2O_2）、0.1 mol/L 磷酸缓冲液（pH = 7.0）。

四、实验步骤

1. 植物胁迫处理

采用燕麦种子作为实验材料，对萌发期的燕麦幼苗进行 PEG 模拟干旱胁迫处理。燕麦种子萌发及胁迫处理等操作具体参见本书实验 19。分别采集对照和胁迫条件下燕麦幼苗叶片进行 POD 的提取测定。

2. 酶液提取

取 0.25 g 燕麦叶片，加入 2 ml 预冷的磷酸缓冲液提取液，冰浴研磨成匀浆，于 4 ℃下 10 000 r/min 离心 20 min，上清液即为粗酶提取液，低温放置备用。

3. 反应液配置

准备 50 ml 的容量瓶，加入约 40 ml 的 0.1 mol/L 磷酸缓冲液、0.25 ml 愈创木酚，再加入 1 ml 30% H_2O_2，摇匀充分混合，再用磷酸缓冲液定容到 50 ml 刻度。

4. 显色反应

向 2 ml 离心管体系中先加入 50 μl 的粗酶液，再加入 1.45 ml 反应液立即混合，于 470 nm 测定吸光值，每 10 s 连续记录室温下 470 nm 吸光值的变化值（共 6 次）。

5. 结果计算

以 A_{470}/min 变化 0.01 为 1 个酶活单位（U），按照如下公式进行计算：

$$POD\ 酶活性 = \frac{\Delta A_{470} \times V_1}{0.01 \times W \times V_2 \times t}$$

式中：POD 酶活性的单位是"U/（g·min）"；ΔA_{470} 为每分钟 470 nm 处吸光度的变化值；V_1 为提取液体积（ml）；V_2 为吸取待测样品溶液体积（ml）；W 为样品的重量（g）；t 为反应时间（min）。

五、思考题

1. 比较分析不同胁迫处理样品的 POD 值的变化及其原因。

2. 植物过氧化物酶的测定方法还有哪些？各有什么优缺点？

3. 植物体内的 POD 的主要生理功能有哪些？

实验 25　植物过氧化氢酶的测定

一、实验目的

1. 学习掌握植物过氧化氢酶（CAT）的测定原理和方法。

2. 通过比较不同胁迫处理下植物组织中过氧化氢酶含量的变化，进一步理解其在抗逆反应中的作用。

二、实验原理

CAT 是植物体内普遍存在且活性较高的一种酶，它可以有效清除植物体内 H_2O_2，使其不会进一步产生毒性很大的氢氧自由基，从而保护机体细胞稳定的内环境和正常的生命活动。因此，CAT 是植物体内重要的酶促防御系统之一，其活性的高低与植物的抗逆性密切相关。

本实验采用紫外吸收法进行 CAT 测定。过氧化氢（H_2O_2）在 240 nm 波长处有强吸收，而 CAT 能够分解过氧化氢，可以使反应溶液的吸收度（A_{240}）随着反应时间而降低。因此，可以根据吸光度的变化速度测出过氧化氢酶的活性。

三、实验材料

1. 材料：胁迫条件下的植物（小麦、燕麦等）叶片。

2. 仪器：分光光度计、高速离心机、研钵、刻度试管、容量瓶、电子天平、移液器、剪刀等。

3. 试剂：30% H_2O_2、0.1 mol/L 磷酸缓冲液（pH = 7.0）。

四、实验步骤

1. 植物胁迫处理

采用燕麦种子作为实验材料，对萌发期的燕麦幼苗进行 PEG 模拟干旱胁迫处理。燕麦种子萌发及胁迫处理等操作具体参见本书实验 19。分别采集对照和胁迫条件下燕麦幼苗叶片进行 CAT 的提取测定。

2. 酶液提取

取 0.25 g 燕麦叶片，加入 2 ml 预冷的磷酸缓冲液粗酶提取液，冰浴研磨，匀浆于 4 ℃下 10 000 r/min 离心 20 min，上清液即为粗酶提取液，低温放置备用。

3. 反应液配置

取 200 ml 磷酸缓冲液，加入 0.3 ml 30% H_2O_2 摇匀待用。

4. 显色反应

向 2 ml 离心管中加入反应液 1.45 ml，再加入 50 μl 粗酶液，在 240 nm 测定吸光值，每隔 10 s 记录 1 次吸光值，共记录 6 次。

5. 结果计算

以 A_{240}/min 减少 0.01 为 1 个酶活单位（U），按照如下公式进行计算：

$$CAT \text{ 酶活性} = \frac{\Delta A_{240} \times V_1}{0.01 \times W \times V_2 \times t}$$

式中：CAT 酶活性的单位是"U/（g·min）"；$\triangle A_{240}$ 为每分钟 240 nm 处吸光度的变化值；V_1 为提取液体积（ml）；V_2 为吸取待测样品溶液体积（ml）；W 为样品的重量（g）；t 为反应时间（min）。

五、思考题

1. 分析本实验中不同胁迫处理样品 CAT 值的变化情况及原因。

2. 植物过氧化氢酶的测定方法还有哪些？各有什么优缺点？

3. 植物体内保护酶系统主要有哪些？其主要作用是什么？

实验 26　植物叶绿体的分离和观察

一、实验目的

掌握植物叶片中叶绿体分离的方法。

二、实验原理

叶绿体是植物细胞所特有的细胞器，高等植物的叶肉细胞一般含 50～200 个叶绿体，约占细胞质的 40%。叶绿体由叶绿体外被、类囊体和基质 3 部分组成。高等植物中叶绿体像双凸或平凸透镜。常使用差速离心法对植物细胞叶绿体进行分离。差速离心法指采用逐渐增加离心速度或低速和高速交替进行离心，使沉降速度不同的颗粒在不同的分离速度和离心时间下，分批分离的方法，细胞经过破碎后制成匀浆，在等渗介质中进行差速离心，是分离细胞器的常用方法。利用细胞各组分质量大小、形状和密度的不同，选择不同的离心力和离心时间，即可分离得到所需要的细胞器或大分子成分。不同离心力下所对应分离的细胞成分见表 2-5 所示：

表 2-5　差速离心下不同离心力对应分离的细胞成分（植物）

沉淀	离心力×时间	内容物
A	150 g×20 min	完整细胞
B	1 000 g×20 min	细胞核，细胞碎片
C	3 500 g×6 min	叶绿体
D	10 000 g×20 min	线粒体、溶酶体、微体
E	105 000 g×20 min	微粒体
F	105 000 g×20 min + 0.26% 脱氧胆酸钠	核糖体

在叶绿体分离过程中，叶绿体中由于淀粉积累成致密颗粒，会在离心过程中使叶绿体破碎。同时，在匀浆过程中液泡中储藏的有毒物质——酚类化合物会释放出来，使叶绿体的活性受到影响。通常选择菠菜作为分离完整叶绿体的材料，其细胞中所含的质体较大，而且它们都能在不积累淀粉和酚类物质的条件下生长。

三、实验材料

1. 材料：新鲜菠菜。
2. 仪器：普通离心机、粗天平、光学显微镜、水浴锅、研钵、滴管、量筒、烧杯、10 ml 离心管、漏斗、滤纸、玻璃载片和盖片、刀片。

3. 试剂：0.35 mol/L 氯化钠溶液。

四、实验步骤

1. 选取新鲜的菠菜叶子，洗净擦干或吸干表面水滴后，去除叶梗及粗脉，称取 10 g 于 20 ml、0.35 mol/L NaCl 溶液中。

2. 将菠菜和 NaCl 溶液一起在瓷研体中研磨，磨成匀浆为止。将匀浆用滤纸过滤于烧杯中。

3. 取滤液 4 ml 在 1 000 r/min 下离心 4 min；弃去沉淀。

4. 将上清液 3 ml 在 3 000 r/min 下离心 3 min；弃去上清液，沉淀即为叶绿体（混有部分细胞核）。

5. 将沉淀用 2～3 ml 0.35 mol/L NaCl 溶液悬浮。

6. 转移出 1 ml 叶绿体悬浮液到另一支干净试管中，在 70 ℃ 水浴中保持 15 min，然后取出试管。

7. 用胶头滴管分别在两张载片上滴一滴加热和未加热的叶绿体悬液，加盖片后即可在普通光学显微镜下观察这两种叶绿体的形态。

8. 用剃须刀将新鲜的菠菜叶切削一斜面置于载片上，滴加 1～2 滴 0.35 mol/L NaCl 溶液，加盖后轻压，置于显微镜下观察。

五、思考题

拍摄光学显微镜下菠菜叶手切片的照片，在显微镜下能看到几种细胞？这些细胞的形态特征与其功能有何联系？

第三章　生物化学实验

实验 27　氨基酸的纸上层析

一、实验目的

初步了解层析技术的基础知识，学习纸上层析的原理和基本操作。

二、实验原理

层析又称色谱，可分为分配层析和吸附层析等多种类型。纸上层析属于分配层析，是利用被分离物质在两个互不相溶的溶剂系统中分配系数不同而分离。分配系数是指在一定温度、压力的溶剂体系中，一种物质分配达到平衡时在两个互不相溶的溶剂中的浓度比值。所有层析都包括固定相和流动相。

纸层析的固定相为滤纸上吸附的水，流动相为有机溶剂。当有机相由于毛细作用沿滤纸经过样品时，样品中的溶质在水相与有机相之间进行分配，并随着有机相移动，移动过程中不断在水相与有机相之间进行分配。由于样品中不同组分有不同的分配系数，导致各组分的移动速度不同，从而批次之间得到分离。样品（溶质）被分离后在滤纸上的位置用 R_f 值（相对迁移率）表示：

$$R_f = X/Y$$

式中：X 为点样点到层析斑点的距离；Y 为点样点到溶剂前沿的距离。

层析分离后的氨基酸与茚三酮反应，加热时呈蓝紫色。

三、实验材料

1. 标准溶液：分别称取丙氨酸、亮氨酸、天冬氨酸 4 mg，分别溶于 1 ml 蒸馏水中。

2. 标准氨基酸混合液：将上述几种氨基酸各 4 mg，溶于 1 ml 蒸馏水中。

3. 展层剂：正丁醇、甲酸。

（1）正丁醇：80%。

（2）甲酸：$H_2O = 15 : 3 : 2$（V/V）。

4. 显色剂：茚三酮，0.5 g 溶于 100 ml 无水丙酮，保存于棕色瓶中。

5. 仪器：层析缸、层析滤纸、毛细管、喷雾器、针、线、电吹风机等。

四、实验步骤

1. 点样

在滤纸上距离底部 1~2 cm 处用铅笔划一条直线，用点样毛细管吸取少量氨基酸溶液（标准液、混合液），轻轻直线上点样（共 4 点），用冷风吹干或自然晾干，然后把滤纸侧面三点缝合，缝合时滤纸之间一定要间隔一定距离，保证滤纸可直立放置于层析杠内。

2. 展层

将滤纸直立于盛有展层剂的溶器中（点样的一端朝下），盖上盖子，50~60 min（观察溶剂前沿）取出滤纸，用铅笔描出溶剂前沿界线，用冷风吹干，再把缝合滤纸的线剪断，用茚三酮显色剂喷在滤纸上，用热风吹干即可显出各种氨基酸的层析斑点。

五、思考题

1. 计算实验分离的各氨基酸 R_f 值。

2. 查阅文献，比较以上各氨基酸分离的 R_f 值是否相同，试分析原因。

实验 28　影响酶活性的因素

一、实验目的

通过实验了解温度、pH 值、抑制剂和激活剂对酶活性的影响，进一步巩固酶的特性的基础知识。

二、实验原理

酶的化学本质是蛋白质，凡能引起蛋白质变性的因素都可使酶活性丧失。本实验通过测定唾液淀粉酶在各种条件下的催化能力，了解影响酶活性的各种因素。淀粉酶能催化淀粉水解为糊精和麦芽糖，淀粉的水解程度可以借淀粉及其水解产物遇碘呈不同颜色来观察：淀粉遇碘呈蓝色；水解产物糊精按分子大小顺序遇碘呈紫、红色；麦芽糖遇碘无颜色反应。本实验用唾液淀粉酶作用的底物——淀粉，被唾液淀粉酶分解成各种糊精、麦芽糖等水解产物的变化来观察酶在各种环境条件下的活力。

三、实验材料

1. 1% 淀粉溶液、碘化钾－碘溶液、1% $CuSO_4$、1% $NaCl$。

2. pH 值 4.0、6.8、8.0 的磷酸缓冲液：0.2 mol/L 磷酸氢二钠与 0.1 mol/L 柠檬酸配制。

3. 稀释唾液。清水漱口后，取 20 ml 左右蒸馏水于口中，漱口后吐于杯中，棉花过滤备用。

四、实验步骤

1. 温度对酶活性的影响

取 3 支试管，编号后按照表 3－1 操作。

表 3－1　温度对酶活性的影响

试剂	1 号	2 号	3 号
1% 淀粉溶液/ml	1	1	1
稀释唾液/ml	1	1	1
温度处理/℃	0	37	100

将各管分别置于相应水浴中，每隔 1 min 取 1 滴于白瓷板上，加碘液，待 2 号管不显色时，各管分别加入 2 滴碘液，然后观察各管颜色，并记录。

2. pH 值对酶活性的影响

取 3 支试管，编号后按照表 3-2 操作。

表 3-2　pH 值对酶活性的影响

试剂	1	2	3
1% 淀粉溶液/ml	1	1	1
pH 4 磷酸缓冲液/ml	2	0	0
pH 6.8 磷酸缓冲液/ml	0	2	0
pH 8.0 磷酸缓冲液/ml	0	0	2
稀释唾液/ml	1	1	1

将各管都置于 37 ℃水浴中保温，每隔 1 min 取 2 号管溶液（pH 值 6.8）1 滴。加入碘液，与碘液不发生颜色反应时，其他各管加入碘液 2 滴，摇匀。观察并记录颜色深浅。

3. 激活剂和抑制剂对酶活性的影响

取 3 支试管，编号后按照表 3-3 操作。

表 3-3　激活剂和抑制剂对酶活性的影响

试剂	1	2	3
1% 淀粉溶液/ml	1	1	1
1% $CuSO_4$/ml	1	0	0
1% NaCl/ml	0	1	0
H_2O/ml	0	0	1
稀释唾液/ml	1	1	1

将各管都置于 37 ℃水浴中保温，每隔 1 min 取 2 号管溶液 1 滴。加入碘液，与碘液不发生颜色反应时，其他各管加入碘液 1 滴，摇匀。观察并记录颜色深浅。

五、思考题

结合酶学理论知识，分析各实验现象的原因。

实验 29　脂质提取及薄层层析

一、实验目的

掌握薄层层析的基本原理、操作方法及脂质的提取方法。

二、实验原理

生物组织含有多种脂质成分，它们大多与蛋白质结合成疏松的复合物。要将这类脂质提取出来并与蛋白质分离，所用抽提液必须包含亲水性成分和具有形成氢键的能力。

硅胶 G 薄层层析属于吸附层析，固体吸附剂硅胶为固定相。所提取的脂类可在铺有硅胶 G 的玻璃板上进行薄层层析，由于硅胶 G 对样品各成分的吸附力不同，当展层剂（流动相）通过时，吸附力小的成分移动得快，吸附力大的成分移动得慢，因此各组分就得到分离。

三、实验材料

1. 蛋黄、研钵、试管、烘箱、毛细管、展层缸、吹风机等。

2. 硅胶 G（200 目）、氯仿、甲醇、乙酸、碘、无水 Na_2SO_4、NaAc。

3. 展层剂：正己烷∶乙醚∶冰醋酸 = 80∶20∶1。

四、实验步骤

1. 蛋黄脂质的提取

称取煮熟的蛋黄 2 g，放在研钵中磨细，另取 5 倍量（10 ml）氯仿 - 甲醇（2∶1，V/V）混合溶剂，一边研磨，一边慢慢加入混合溶剂，在保持摇匀的状态下提取，提取时间为 10 min。经滤纸过滤到刻度试管中，于滤液中加入 1/2 体积的水，振摇后静置，溶剂逐渐分为两层，上层为水层，下层为氯仿层，弃去水层，留下氯仿层，继续水洗三四次，最后一次的氯仿层中加少量的无水 Na_2SO_4 吸去残留水分，直至溶液澄清透明，此澄清液即可供脂质薄层层析点样用。

2. 铺板

称取 3 ~ 4 g 的 200 目硅胶 G，加 0.02 mol/L NaAc 10 ~ 12 ml 磨匀，铺板。待自然干燥后放入烘箱中，110 ℃活化 30 min 后保存于干燥器中备用。

3. 点样

在烘干活化的硅胶 G 板上，于距底部 2 cm 处，用点样器（或毛细管）点上蛋黄提取液，点样直径不要大于 3 mm，然后用冷风吹干（在玻板下）或自然晾干。

4. 展层

展层缸中装展层剂约 1 cm 深，将已点样的硅胶薄板放入展层缸中进行展层，至展层液前沿到达薄层顶端大约 2 cm 处时，即可取出硅胶板，画下展层剂前沿线，用热风吹干。

5. 显色

把硅胶薄板立即放入预先置有碘片的干净层析缸中，密闭几分钟，已经展层分开的脂质成分将分别吸附碘蒸气而显现黄色斑点。蛋黄中几种脂质成分按 R_f 值大小排列的顺序是：三酰甘油、胆固醇、脑磷脂、卵磷脂等。

五、思考题

1. 计算各脂质成分的 R_f 值。

2. 为什么各脂质的分离排列顺序为三酰甘油、胆固醇、脑磷脂、卵磷脂？

实验 30　血清 IgG 粗品的制备

一、实验目的

掌握盐析法分离蛋白质的原理及基本操作方法。

二、实验原理

盐析法是经典的蛋白质沉淀分离纯化方法之一，其原理是利用中性盐类能破坏蛋白质分子表面的水膜，同时中和蛋白质分子所带的电荷，从而使蛋白质凝聚，并从溶液中沉淀析出。沉淀不同蛋白质所需盐类的浓度不同。因此，可根据所要分离的蛋白质，选择不同饱和度的硫酸铵溶液进行盐析。用硫酸铵分级盐析蛋白质时，盐析出某种蛋白质成分所需的硫酸铵浓度一般以饱和度来表示。实际工作中，将饱和硫酸铵溶液的饱和度定为100%。盐析所需硫酸铵数量折算成100%饱和度的百分之几，即称为该蛋白盐析的饱和度。

三、实验材料

1. 饱和硫酸铵溶液：称取 $(NH_4)_2SO_4$ 约 760 g，加蒸馏水至 1 000 ml，加热至50 ℃，使绝大部分硫酸铵溶解，置室温过夜，取上清液，用氢氧化铵调节 pH 值为 7.0。

2. 磷酸盐缓冲溶液（PBS）：$NaH_2PO_4-H_2O$ 0.256 g、$Na_2HPO_4-7H_2O$ 2.248 g、NaCl 8.76 g，加蒸馏水至 1 000 ml，调节 pH 值至 7.3。

3. 血清。

四、实验步骤

1. 血清 IgG 的提取

取血清 0.4 ml，滴加饱和硫酸铵 0.4 ml，注意边加边混合，以防止硫酸铵局部浓度过高。混合时不要过于剧烈，以免导致蛋白质变性。冰上静置10 min，使之充分盐析后，以 5 000 r/min 离心 5 min，去掉上清液，沉淀为 IgG 及杂蛋白。

2. 重复盐析，纯化 IgG

沉淀用 0.4 ml PBS 溶解，再滴加饱和硫酸铵溶液 0.4 ml，冰上静置 10 min，使之充分盐析后，以 5 000 r/min 离心 5 min，去掉上清液，沉淀为 IgG 粗品，加 0.5 ml PBS，混合均匀后于 −20 ℃ 保存备用。

五、思考题

1. 盐析沉淀蛋白变性了吗？可以重新溶解吗？

2. 样品为什么要放在冰上静置？

实验 31 蛋白质凝胶层析法脱盐

一、实验目的

1. 学习和掌握凝胶过滤层析法的原理及基本操作技术。

2. 学会利用 Sephadex g – 25 凝胶层析对蛋白质进行脱盐的过程。

二、实验原理

凝胶层析又称凝胶过滤、分子筛过滤等。凝胶层析是利用具有一定孔径大小的多孔凝胶做固定相的层析技术，当被分离的物质流过凝胶时，分子大于凝胶"筛孔"的物质完全被排阻，不能进入凝胶颗粒内部，只能随着溶液在凝胶颗粒之间流动，因此流程短而先流出层析柱。分子小于"筛孔"的物质则可完全渗入凝胶颗粒内部，因此流程长、流速慢而后从层析柱中流出。

凝胶介质为人工合成产品，主要有葡聚糖凝胶（商品名为 Sephadex 等）、琼脂糖凝胶（商品名为 Sepharose 等）及具有一定网眼的细玻璃珠等。凝胶网孔大小可以在合成时调节，因此，有不同型号用于分离不同大小的物质。本实验采用的是葡聚糖凝胶 g – 25 对蛋白质溶液进行脱盐。

三、实验材料

1. Sephadex g – 25：用前以蒸馏水浸泡 6 h 或在沸水浴中溶胀 2 h。

2. 考马斯亮兰 G – 250 蛋白染色剂。

3. 层析柱。

4. 蛋白样品：蛋白盐析样品 0.5 ml（血清 IgG 粗品），如蛋白质样品中无盐，可加入硫酸铜作为指示剂。

四、实验步骤

1. 凝胶的预处理

凝胶用蒸馏水泡 6 h 或过夜，凝胶溶胀后，需用蒸馏水洗涤几次，每次应将沉降缓慢的细小颗粒弃去，以免在装柱后产生阻塞现象。洗涤后，将凝胶浸泡在蒸馏水中备用。

2. 装柱

取层析柱 1 根（1.5 cm × 20 cm），垂直固定在支架上，加入少量蒸馏水以排除气泡。将溶胀好的凝胶放在烧杯中，使凝胶表面上的水层与凝胶体积大致相同。用玻璃棒轻轻搅匀凝胶悬浮液，打开柱下口开关，顺玻璃棒将凝胶灌入柱内，凝胶连续均匀地沉降，逐步压紧。当到达所需凝胶柱高度时，立即关闭柱出口，待凝胶自然沉降形成凝胶柱床。

在整个灌注凝胶的过程及使用中，凝胶始终在缓冲液中，凝胶柱面上一定要覆盖着一层缓冲液，以免进入空气，影响分离效果。灌胶时要均匀地将凝胶一直加到所需柱床高度，不能时断时续，否则将出现分层现象。若无法一次性灌胶，第二次灌胶前，用玻璃棒将已形成的柱床表面轻轻搅起，再灌胶。

3. 平衡

装好的凝胶柱在使用前用两倍以上柱床体积的蒸馏水洗涤、平衡。该过程一方面可洗去杂质，同时压紧凝胶，提高分离效果。

4. 上样

先打开层析柱的出口开关，放出凝胶柱面上的溶液（或用吸管吸出），使凝胶表面刚好在液面之下，关闭出口，切忌液面低于凝胶表面。用吸管吸取含盐的蛋白样品（0.5 ml），小心地慢慢加在凝胶表面（加样时，柱面凝胶冲起，也不要沿柱壁滴加）。打开层析柱出口，控制流速，使样品慢慢渗入凝胶内。当样品液面与凝胶柱面齐平时，关闭出口，完成上样。然后，在凝胶表面上加 3 ~ 5 cm 高度的蒸馏水，连接洗脱瓶进行洗脱。

5. 洗脱

用蒸馏水洗脱样品，使分子量不同的样品逐步分开并先后由柱床流出的过程称为洗脱。所用溶液称为洗脱液（本实验用蒸馏水）；洗脱液放在贮液瓶中并与层析柱相通。洗脱时只要打开层析柱下口开关，洗脱液即可流出。随着洗脱液的流出，样品逐步被分开。

实验时用试管收集洗脱液，每管收集约 1 ml。检查是否有蛋白质，可以从每管中取出 1 滴放在白色比色板孔中，再加入考马斯亮兰试剂 1 滴，如显示蓝色，则表明有蛋白质。记录获得脱盐蛋白溶液的体积。从每管中取出 1 滴放在黑色比色板孔中，再加入 $BaCl_2$ 试剂 1 滴，如显示白色，则表明有盐被洗脱出来，停止收集。

五、思考题

1. 记录脱盐蛋白的体积。

2. 分析凝胶过滤层析的优缺点。

实验 32   血清蛋白聚丙烯酰胺凝胶电泳

一、实验目的

掌握聚丙烯酰胺电泳基本原理及操作方法。

二、实验原理

聚丙烯酰胺凝胶电泳（PAGE）是根据被分离物质所带的电荷、分子大小、形状的不同，在电场的作用下，产生不同的移动速度而分离的方法。它具有电泳和分子筛的双重作用。聚丙烯酰胺凝胶是一种人工合成的凝胶，是由丙烯酰胺单体（简称 Acr）和甲叉双丙烯酰胺（简称 Bis）在催化剂四甲基乙二胺（简称 TEMED）和活化剂过硫酸胺（简称 APS）的作用下发生聚合反应而制得。

聚丙烯酰胺凝胶具有网状结构，其网眼的孔径大小可通过改变凝胶液中单体 Acr 和 Bis 的浓度来加以控制，形成不同交联程度结构的孔径大小、范围广泛的凝胶，实验重复性很高，广泛应用于生命科学、农业、医学研究领域。

三、实验材料

1. 30% Acr－Bis：称取 29.2 g 丙烯酰胺、0.8 g N，N′－甲叉双丙烯酰胺溶于蒸馏水中，定容至 100 ml，4 ℃保存。

2. 1.5 mol/L Tris－HCl（pH＝8.8）分离胶缓冲液：称取 18.17 g Tris 溶于蒸馏水中，用 1 mol/L HCl 调 pH 值为 8.8，双蒸水（ddH$_2$O）定容至 100 ml，4 ℃保存。

3. 10% APS：称取 1.0 gAPS 溶于 10 ml 蒸馏水中，4 ℃保存，1 周内有效。

4. 0.025 mol/L Tris－0.192 mol/L gly 电极缓冲液：称取 3.03 g Tris、14.4 g 甘氨酸溶于蒸馏水中，ddH$_2$O 定容至 1 000 ml，4 ℃保存。

5. 载样缓冲液：1.5 mol/L Tris－HCl、甘油丙三醇、ddH$_2$O、0.5%（W/V）溴酚蓝。

6. 考马斯亮蓝染液：称取考马斯亮蓝 R－250 0.25 g，加无水乙醇 125.0 ml、冰乙酸 25.0 ml，ddH$_2$O 定容至 250 ml。

7. 脱色液：取 50 ml 无水乙醇、100 ml 冰乙酸，定容至 1 000 ml。

8. 仪器：加样枪、电泳槽及其附带设备、烧杯、手套、天平、摇床、EP 管。

四、实验步骤

配制胶时，须戴手套操作，准备玻璃时一定要轻拿轻放！

1. 电泳装置及凝胶准备

按照电泳槽说明书准备电泳装置。完成后分别在小烧杯中准备如表3-4凝胶。

2. 制胶

灌入分离胶，插入梳子，静置约30 min，凝胶聚合后，轻轻取出梳子，将玻璃板放入电泳槽，在电泳槽内加入电极缓冲液，准备上样和电泳。

表3-4　凝胶配制表（10%分离胶）

试剂	体积
30% Acr - Bis/ml	3.34
ddH$_2$O/ml	4.12
缓冲液 pH8.9/ml	2.5
TEMED/μl	7
10% APS/μl	60

3. 加样和电泳

加样前不接通电源。取适当稀释的血清50 μl，加入载样缓冲液50 μl混合，用加样枪每孔加样10 μl（约含25 μg蛋白）。电压加大到120 V。

4. 染色

指示剂接近电泳槽底部时，切断电源，小心地取出玻璃板，轻轻取出凝胶，放入器皿中染色约15 min，然后用脱色液脱色15～20 min，观察结果。

五、思考题

1. 实验血清检测到多少种蛋白质？

2. 实验注意事项有哪些？

实验 33　血清、乳蛋白含量测定

一、实验目的

1. 掌握比色分析的基本原理及方法。

2. 学会用 Bradford 的染料结合分析法测定溶液中蛋白含量的原理和方法。

二、实验原理

在酸性条件下，蛋白质与考马斯亮蓝 G-250 产生颜色反应，最大吸收波长为 595 nm。根据蛋白质溶液的 A_{595} 值，利用比色法（分光光度法）测定蛋白质含量。实验时以已知浓度的牛血清白蛋白（BSA）溶液为标准，根据蛋白质浓度与 A_{595} 呈线性的特点，计算样品中蛋白含量。

三、实验材料

1. 标准蛋白：1 mg/ml BSA。

2. 蛋白显色剂：溶解 100 mg 考马斯亮蓝 G-250 于 50 ml 的 95% 乙醇中，再缓慢加入 100 ml 的 85% 磷酸，然后用蒸馏水稀释到 1 L。

3. 样品液：将血清、牛乳适当稀释，备用。

四、实验步骤

取 4 只干净试管，分别标记为"空白、标准、样品 1、样品 2"。依次加入蒸馏水、标准蛋白、稀释的样品 50：l，然后每管中均加入考马斯亮蓝 2.5 ml，混匀，2 min 后比色，记录各管的 A_{595} 值。

五、思考题

1. 记录测定的原始数据。

2. 计算样品中蛋白质含量：样品中蛋白浓度（mg/ml）= A_{595}（样品）/A_{595}（标准蛋白）× 标准蛋白浓度（1 mg/ml）

3. 根据实验分析该测定方法的优势和缺点。

实验 34　细胞 SOD 酶的提取和分离

一、实验目的

1. 掌握有机溶剂沉淀法的原理和基本操作。

2. 掌握 SOD 酶提取分离的一般步骤。

二、实验原理

超氧化物歧化酶（SOD）是一种具有抗氧化、抗衰老、抗辐射和消炎作用的药用酶。它可催化超氧负离子（O_2^{2-}）进行歧化反应，生成氧和过氧化氢。大蒜蒜瓣中含有较丰富的 SOD，通过组织或细胞破碎后，可用 pH 值 7.8 的磷酸缓冲溶液提取出来。由于 SOD 不溶于丙酮，可用丙酮将其沉淀析出。

有机溶剂沉淀蛋白质的原理是有机溶剂能降低水溶液的介电常数，使蛋白质分子之间的静电引力增大。同时，有机溶剂的亲水性比溶质分子的亲水性强，它会抢夺本来与亲水溶质结合的自由水，破坏其表面的水化膜，导致溶质分子之间的相互作用增大而发生聚集，从而沉淀析出。

三、实验材料

1. 仪器：研钵、石英砂、烧杯（50 ml）、电子天平、玻璃棒、pH 计、冷冻离心机、离心管。

2. 材料：新鲜蒜瓣。

3. 试剂：0.05 mol/L 磷酸缓冲溶液（pH 值 7.8）、氯仿 - 乙醇混合液（氯仿：无水乙醇 = 3：5）、丙酮（用前预冷至 - 20 ℃）。

（1）0.05 mol/L 磷酸缓冲溶液（pH 值 7.8）：91.5 ml A 液 + 8.5 ml B 液，定容至 400 ml。

（2）A 液：0.2 mol/L Na_2HPO_4，即 $Na_2HPO_4 \cdot 12H_2O$ 71.64 g/L。

（3）B 液：0.2 mol/L NaH_2PO_4，即 $NaH_2PO_4 \cdot H_2O$ 27.6 g/L。

四、实验步骤

整个操作过程在 0 ~ 5 ℃条件下进行。

1. SOD 酶的提取

称取 5 g 大蒜蒜瓣，加入石英砂研磨破碎细胞后，加入 pH 值 7.8、0.05 mol/L 的磷酸缓冲液（pH值7.8）15 ml，继续研磨20 min，使SOD酶充分溶解到缓冲溶液中，然后6 000 r/min冷冻离心15 min，弃沉淀，取上清液。

2．去除杂蛋白

上清液中加入0.25倍体积的氯仿－乙醇混合液搅拌15 min，6 000 r/min离心15 min，弃去沉淀，得到的上清液即为粗酶液。

3．SOD酶的沉淀分离

粗酶液中加入等体积的冷丙酮，搅拌15 min，6 000 r/min离心15 min，得到SOD酶沉淀。将所得SOD沉淀溶于2 ml，0.05 mol/L磷酸缓冲溶液（pH值7.8）中。

五、思考题

1．分析说明该方法各步骤的原理和目的。

2．讨论有机溶剂沉淀法与盐析法相比的优缺点。

3．计算出每500 g大蒜蒜瓣所制备出的SOD酶的克数。

实验 35　SOD 浓度的测定

一、实验目的

学习考马斯亮蓝法测定蛋白质浓度的方法。

二、实验原理

考马斯亮蓝法测定蛋白质浓度，是利用蛋白质—染料结合的原理，定量的测定微量蛋白浓度快速、灵敏的方法。考马斯亮蓝 G-250 和蛋白质通过范德华力结合，在一定的蛋白质浓度范围内，蛋白质和染料结合符合比尔定律（Lambert-Beer law）。最大吸收光谱由 465 nm 变为 595 nm，通过测定 595 nm 处的光吸收的增加量可知与其结合蛋白质的量。蛋白质与染料结合是一个很快的过程，约 2 min 即可反应完全，呈现最大光吸收光谱，并可稳定 1 h。此方法测定蛋白质浓度重复性好，灵敏度高，线性关系好。

三、实验材料

1. 试剂：考马斯亮蓝 G-250 试剂、标准蛋白质溶液。

标准蛋白质溶液：用 0.15 mol/L 的 NaCl 溶液配制成 1 mg/ml 蛋白溶液。

2. 仪器：试管、试管架、分光光度计。

四、实验步骤

1. 标准法制定标准曲线

（1）取 7 支试管，按表 3-5 进行操作。分别加入样品，水和试剂，即用 1.0 mg/ml 的标准蛋白质溶液给各试管分别加入：0、0.01、0.02、0.04、0.06、0.08、0.1 ml，然后用去离子水补充到 0.1 ml。最后各试管中分别加入 2.5 ml 的考马斯亮蓝 G-250 试剂，每加完一管，立即混匀（不要太剧烈，以免产生大量气泡）。

（2）加完试剂 2 min 后，开始用比色皿在分光光度计上测定各样品在 595 nm 处的光吸收值。

（3）绘制标准曲线：以 A_{595} 为纵坐标，以蛋白含量为横坐标，绘制标准曲线。由此标准曲线，根据未知蛋白样品的光吸收值（A_{595}），即可查出未知样品的蛋白含量（0.5 mg/ml BSA 溶液的 A_{595} 约为 0.5）。

表 3 - 5　标准曲线制作

试管编号	0	1	2	3	4	5	6
1 mg/ml 标准蛋白质溶液/ml	0	0.01	0.02	0.04	0.06	0.08	0.1
ddH$_2$O/ml	0.1	0.09	0.08	0.06	0.04	0.02	0
考马斯亮蓝 G - 250/ml	2.5	2.5	2.5	2.5	2.5	2.5	2.5
A_{595}读值							

注：摇匀，在 1 h 内，以 0 号管为空白对照，在 595 nm 处比色。

2. SOD 浓度的测定

测定方法同上，按表 3 - 6 操作。取合适的 SOD 样品的体积，使其测定值在标准曲线的直线范围内，根据所测定的 A_{595} 值，在标准曲线上查出其相当于标准蛋白的量，从而根据稀释倍数计算未知样品的蛋白质浓度。

表 3 - 6　SOD 浓度的测定

试管编号	0	上清	粗酶液	酶液
SOD 蛋白质溶液/ml	0	0.01	0.02	0.04
ddH$_2$O/ml	0.1	0.09	0.08	0.06
考马斯亮蓝 G - 250/ml	2.5	2.5	2.5	2.5
A_{595}读值				

注：摇匀，在 1 h 内，以 0 号管为空白对照，在 595 nm 处比色。

五、思考题

讨论该方法的优缺点及可能影响测定结果的因素。

实验 36 SOD 蛋白纯度的鉴定

一、实验目的

掌握 SDS – PAGE 凝胶电泳的原理与基本操作步骤。

二、实验原理

聚丙烯酰胺凝胶是由单体丙烯酰胺（简称 Acr）和交联剂亚甲基双丙烯酰胺（简称 Bis）在加速剂四甲基乙二胺（简称 TEMED）和催化剂过硫酸铵（APS）的作用下聚合交联成二维网状结构的凝胶，以此凝胶为支持物的电泳称为聚丙烯酰胺凝胶电泳（简称 PAGE）。

蛋白质在聚丙烯酰胺凝胶中电泳时，它的迁移率取决于它所带净电荷及分子的大小和形状等因素。如果在聚丙烯酰胺凝胶系统中加入阴离子去污剂十二烷基硫酸钠（简称 SDS），并用二巯基乙醇还原二硫键，则蛋白质分子的电泳迁移率主要取决于它的分子量，而与所带电荷和形状无关。不同大小的蛋白质即可通过 SDS – PAGE 凝胶电泳进行分离。

考马斯亮蓝有 G – 250 和 R – 250 两种。其中考马斯亮蓝 G – 250 由于与蛋白质的结合反应十分迅速，常用来作为蛋白质含量的测定。考马斯亮蓝 R – 250 与蛋白质反应虽然比较缓慢，但是更灵敏，而且可以被洗脱下去，所以可以用来对电泳条带染色。

三、实验材料

1. 材料：上清、粗酶液、酶液。

2. 仪器：PAGE 胶制胶及电泳装置、电磁炉、摇床、100 cm 培养皿。

3. 试剂：5×loading buffer、1.5 mol/L Tris – HCl（pH 值 8.8）、1 mol/L Tris – HCl（pH 值 6.8）、10% SDS、10% APS、5×Tris – 甘氨酸电泳缓冲液、0.25% 考马斯亮蓝 R – 250 染液、考马斯亮蓝脱色液、蛋白标准品。

（1）5×loading buffer：1 mol/L Tris – HCl（pH 值 6.8）1.25 ml，SDS 0.5 g，溴酚蓝（BPB）25 mg，甘油 2.5 ml，加 ddH$_2$O 定容至 5 ml。使用前，每 500 ml 加入 2 巯基乙醇 250 µl。

（2）1.5 mol/L Tris – HCl（pH 值 8.8）：称重 Tris 23.6 g 于去离子水中，用 HCl 调节 pH 后定容至 100 ml。

（3）1 mol/L Tris－HCl（pH 值 6.8）：称重 Tris15.8 g 于去离子水中，用 HCl 调节 pH 后定容至 100 ml。

（4）10% SDS：称重 SDS 10 g 于去离子水中，定容至 100 ml。

（5）10% APS：称重 APS10 g 于去离子水中，定容至 100 ml，－20 ℃保存。

（6）5×Tris－甘氨酸电泳缓冲液：Tris 15.1 g，94 g 甘氨酸，SDS 5 g，用去离子水溶解后，定容至 1 000 ml。

（7）0.25%考马斯亮蓝 R－250 染液：甲醇 45 ml，去离子水 45 ml，冰乙酸 10 ml，考马斯亮蓝 R－250 0.25 g，搅拌溶解后用去离子水定容至 100 ml。

（8）考马斯亮蓝脱色液：乙醇 50 ml，冰乙酸 100 ml，去离子水 850 ml。

（9）蛋白标准品。

四、实验步骤

1. 制胶

（1）12% 分离胶（7.5 ml）：H_2O 2.45 ml，Acr/Bis（30%）3 ml，1.5 mol/L Tris－HCl（pH 8.8）1.9 ml，10%SDS 75 μl，10% APS 75μl，TEMED 3 μl。

（2）5% 浓缩胶（4 ml）：H_2O 2.7 ml，Acr/Bis（30%）0.67 ml，1 mol/L Tris－HCl（pH 值 6.8）0.5 ml，10% SDS 40 μl，10% APS 40 μl，TEMED 4 μl。

2. 样品准备（蛋白变性）

蛋白加相应体积的 5×loading buffer 沸水煮 10 min。

3. 上样

等体积的蛋白变性液上样于凝胶上样孔。

4. 电泳

分离胶电压为 80 V，浓缩胶电压为 120 V。

5. 考马斯亮蓝染色

凝胶加考马斯亮染色液浸过凝胶，放在摇床上染色 30 min。

6. 脱色液脱色处理

脱色液脱色至凝胶透明，条带清晰可见。

五、思考题

1. 如何分析 SOD 纯度。

2. 讨论影响实验结果的因素。

实验 37　牛奶中酪蛋白的制备

一、实验目的
掌握盐析法沉淀蛋白质的原理和基本操作。

二、实验原理

将大量盐加到蛋白质溶液中，高浓度的盐离子有很强的水化力，于是蛋白质分子周围的水化膜层减弱乃至消失，使蛋白质分子因热运动碰撞聚集。破坏水化膜，暴露出疏水区域，由于疏水区域间作用使蛋白质聚集而沉淀，疏水区域越多，越易沉淀。另外，中性盐可中和电荷，减少静电斥力，中性盐加入蛋白质溶液后，蛋白质表面电荷大量被中和，静电斥力降低，导致蛋白溶解度降低，使蛋白质分子之间聚集而沉淀。

牛奶中主要的蛋白质是酪蛋白（CS），酪蛋白在 pH 值为 4.8 左右会沉淀析出。利用这一性质，可加热至 40 ℃ 先将 pH 值降至 4.8，或是在牛奶中加硫酸钠，将酪蛋白沉淀出来。酪蛋白不溶于乙醇，这个性质被利用于从酪蛋白粗制剂中除去脂类杂质，提纯酪蛋白。

三、实验材料

1. 仪器：烧杯（250 ml、100 ml、50 ml）、离心管（50 ml）、水浴锅、磁力搅拌器、pH 计、离心机。

2. 试剂：脱脂或低脂牛奶、无水硫酸钠、0.1 mol/L HCl、0.1 mol/L NaOH、pH 试纸、0.2 mol/L 的乙酸－乙酸钠缓冲溶液（pH 值为 4.6：取醋酸钠 5.4 g，加水 50 ml 使溶解，用冰醋酸调节 pH 值至 4.6，再加水稀释至 100 ml）、乙醇。

四、实验步骤

1. 将 50 ml 牛乳倒入 250 ml 烧杯中，于 40 ℃ 水浴中加热并搅拌。

2. 在搅拌下缓慢加入 10 g 无水硫酸钠（约 10 min 内分次加入），之后再继续搅拌 10 min（或加热到 40 ℃，再在搅拌下慢慢地加入 50 ml 40 ℃ 左右的乙酸－乙酸钠缓冲溶液，直到 pH 值 4.8 左右，可以用酸度计调节。将上述悬浮液冷却至室温，然后静止 5 min）。

3. 6 000 r/min 离心 15 min，吸取上清，实验 38 备用。

4. 先用蒸馏水洗涤沉淀 3 次，每次 3 000 r/min 离心 10 min，弃去上清，向沉淀中加入 6 ml 乙醇，搅拌后再次离心 10 min（3 000 r/min）。

5. 将洗涤完的酪蛋白取出放在培养皿中烘干，即得到酪蛋白粗品。

五、思考题

1. 计算出每 100 ml 牛乳所制备出的酪蛋白数量，与理论产量（3.5%）相比较，并求出实际得率。

2. 讨论影响得率的因素。

实验 38　牛奶中乳蛋白素粗品的制备

一、实验目的

掌握等电点沉淀法的原理和基本操作。

二、实验原理

在低的离子强度下，调 pH 值至等电点，使蛋白质所带净电荷为零，降低了静电斥力，而疏水力能使分子间相互吸引，形成沉淀的操作称为等电点沉淀。不同的两性电解质具有不同的等电点，以此为基础可进行分离。将去除掉酪蛋白的滤液的 pH 值调至 3 左右，能使乳蛋白素沉淀析出，部分杂质可随澄清液除去。再经过一次沉淀后，即可得到粗乳蛋白素。

三、实验材料

1. 仪器：烧杯（250 ml、100 ml、50 ml）、离心管（50 ml）、磁力搅拌器、pH 计、离心机。

2. 试剂：脱脂或低脂牛奶、0.1 mol/L HCl、0.1 mol/L NaOH、pH 试纸。

四、实验步骤

1. 将实验 37 操作步骤 3 所得的上清置于 100 ml 烧杯中，一边搅拌，一边利用 pH 计以盐酸调整 pH 值至 3.0 ± 0.1。

2. 6 000 r/min 离心 15 min，倒掉上清液。

3. 在离心管内加入 10 ml 去离子水，振荡，使管内下层物重新悬浮，用 0.1 mol/L NaOH 溶液调整 pH 值至 8.5 ~ 9.0（以 pH 试纸或 pH 计判定），此时大部分蛋白质均会溶解。

4. 6 000 r/min 离心 10 min，将上清液倒入 50 ml 烧杯中。

5. 将烧杯置于磁力搅拌器上，一边搅拌，一边利用 pH 计用 0.1 mol/L HCl 调整 pH 值至 3.0 ± 0.1。

6. 6 000 r/min 离心 10 min，倒掉上清液。沉淀取出干燥，并称重。

五、思考题

1. 计算出每 100 ml 牛乳所制备出的乳蛋白素的数量。

2. 讨论影响得率的因素。

3. 讨论等电点沉淀与盐析沉淀相比的优缺点。

第四章　微生物学实验

实验 39　培养基的配制及灭菌

一、实验目的

1. 掌握实验室常用玻璃器皿的清洗、干燥和包扎方法。

2. 明确培养基的配制原理及一般方法和步骤。

3. 了解湿热灭菌和干热灭菌的操作技术。

二、实验原理

培养基是人工配制的适合微生物生长繁殖或积累代谢产物的营养基质，用以培养、分离、鉴定、保存各种微生物或积累代谢产物。各类微生物对营养的要求不尽相同，因而培养基的种类繁多。在这些培养基中，就营养物质而言，一般不外乎碳源、氮源、无机盐、生长因子及水等几大类。培养基的配制，一是要求在营养成分上能满足所培养微生物生长发育的需要，二是培养基在使用前不带菌，三是灭菌后和保存过程中营养成分不发生变化。培养基的灭菌通常在培养基配制后进行，其目的是杀灭培养基中残存的微生物或活的生物残体，保证培养基在储存过程中不变质，也防止其他生物对培养的污染。

三、实验材料

1. 试剂：牛肉膏、蛋白胨、葡萄糖、NaCl、5 mol/L NaOH、1 mol/L HCl 等。

2. 仪器：三角瓶、烧杯、量筒、天平、高压蒸汽灭菌锅等。

四、实验步骤

1. 洗涤

用试管刷蘸取少量去污粉反复刷洗器皿 2～3 次，再用自来水冲洗 2～3 次，最后用少量去离子水荡洗 1~2 次，控干水分。

2. 烘干

洗净的仪器控去水分，自然干燥或放在烘箱内烘干，烘箱温度为 105~110 ℃，烘 1 h 左右。

3. 器皿包扎

培养皿干燥后用牛皮纸包成一筒，试管按组扎好，外面用牛皮纸包好，三角瓶封口后用牛皮纸包好备用。

4. 培养基的配制

（1）称量：用称量纸按培养基配方比例准确地称取药品放入烧杯中，药品称取必须用清洁的药匙或玻璃棒，不可混用。

（2）溶化：在上述烧杯中先加入少于所需要的水量，使其溶解，用玻棒搅匀，待药品完全溶解后，补充所需的水定容至总体积。

（3）调节 pH 值：采用精密 pH 试纸测量培养基的原始 pH 值，向培养基逐滴加入 1 mol/L 的 NaOH 或 HCl 标准溶液，边加边搅拌，并随时用 pH 试纸测其 pH 值，直至要求的 pH 值。

5. 分装

按实验要求，可将配制的培养基分装入试管内或三角烧瓶内。

（1）液体分装：分装试管，其装量以试管高度的 1/4 左右为宜；分装三角瓶，其装量则根据需要而定，一般以不超过三角瓶容积的一半为宜。如果是用于振荡培养，则根据通气量的要求酌情减少。有的液体培养基在灭菌后，需要补加一定量的其他无菌成分，如抗生素等，则装量一定要准确。

（2）固体分装：分装试管，其装量不超过管高的 1/5，灭菌后制成斜面；分装三角烧瓶，其装量以不超过三角烧瓶容积的一半为宜。

（3）半固体分装：分装试管，其装量一般以试管高度的 1/3 为宜，灭菌后垂直待凝。在分装过程中，应注意不要使培养基沾在管（瓶）口上，以免玷污棉塞而引起污染。

6. 加塞

培养基分装完毕后，在试管口或三角烧瓶口上塞上棉塞（或硅胶塞及试管帽等）或 6~8 层纱布，以防止外界微生物进入培养基引起污染。加塞时，棉塞总长的 3/5 应在口内，2/5 在口外。

7. 包扎

加塞后，用牛皮纸在塞子或纱布外面包扎好。

8. 灭菌

（1）高压蒸汽灭菌

①首先将内层锅取出，再向外层锅内加入适量的去离子水，使水面与三角搁架相平为宜。

②放回内层锅，并装入待灭菌物品（各种玻璃器皿、培养基等）。注意不要装得太挤，以免妨碍蒸汽流通而影响灭菌效果，三角烧瓶与试管口均不要与桶壁接触，以免冷凝水淋湿包口的纸而透入棉塞。

③加盖并以两两对称的方式同时旋紧相对的螺栓，使螺栓松紧一致，以防漏气。

④调整设置，普通培养基设置 121 ℃，含有不耐热成分的培养基设置 115 ℃。待锅内的温度随蒸汽压力增加而逐渐上升至设置温度时，控制热源，维持一定时间。

⑤灭菌完成后，切断电源，让灭菌锅内温度自然下降，当压力表的压力降至"0"时，打开排气阀，旋松螺栓，打开盖子，取出灭菌物品。

（2）干热灭菌

①装入待灭菌物品：将包好的待灭菌物品（培养皿、试管、吸管等）放入电烘箱内，关好箱门。

②升温：接通电源，拨动开关，打开电烘箱排气孔，旋动恒温调节器至绿灯亮，让温度逐渐上升至 100 ℃时，关闭排气孔。在升温过程中，如果红灯熄灭，绿灯亮，表示箱内停止加温，此时如果还未达到所需的 160~170 ℃，则需转动调节器使红灯再亮，如此反复调节，直至达到所需温度。

③恒温：当温度升到 160~170 ℃时，借恒温调节器的自动控制，保温 2 h。

④降温：切断电源，自然降温。待电烘箱内温度降到 70 ℃以下后，打开箱门，取出灭菌物品。

⑤无菌检查：将灭菌培养基放入 37 ℃的温室中培养 24~48 h，以检查灭菌是否彻底。

五、思考题

1. 在干热灭菌操作过程中应注意哪些问题？为什么？

2. 在配制培养基的操作过程中应注意哪些问题？为什么？

3. 培养基配好后为什么必须立即灭菌？如何检查灭菌后培养基是否无菌？

实验40　菌种的分离纯化

一、实验目的

了解平板划线分离菌种的原理，并熟练掌握该操作方法。

二、实验原理

微生物菌种分离的基本原理是将微生物样品在培养基上反复稀释，形成单个微生物体的克隆，再通过对每一克隆进行检测和鉴定，获得具有稳定特征的群体，作为菌种保存或使用。菌种分离可采用固体划线法，在固体培养基表面多次做"由点到线"稀释而达到分离目的。

三、实验材料

1. 菌种：大肠杆菌、枯草芽孢杆菌及酿酒酵母混合菌悬液。
2. 试剂：牛肉膏蛋白胨培养基、LB 培养基及 YPD、75% 乙醇。
3. 仪器：无菌培养皿、水浴锅、接种环、超净台、酒精灯等。

四、实验步骤

1. 将灭菌的培养基冷却至 50 ℃左右，无菌操作倒入平皿（每皿约 15 ml）。加盖后轻轻摇动培养皿，使培养基均匀分布在培养皿底部，然后平置于桌面上，待凝后备用。

2. 在皿底将整个平板分为 4 个不同区域，避免不同区域的线条相接触。

3. 选用平整、圆滑的接种环，挑取少量菌种。

4. 左手托住平皿，用大拇指和食指夹住皿盖并在酒精灯旁打开皿盖。右手拿接种环先在 A 区划连续的平行线。划完 A 区后盖上皿盖并立即烧掉接种环上的残菌。

5. 将烧去残菌后的接种环在平板培养基边缘冷却一下，并使 B 区转到上方，接种环通过 A 区将菌带到 B 区，随即划数条致密的平行线。再从 B 区做 C 区的划线，最后经 C 区做 D 区的划线。D 区的线条应与 A 区平行，划 D 区时切勿重新接触 A、B 区，以免将该两区中浓密的菌液带到 D 区而影响单菌落的形成。

6. 将划线平板倒置，于 37 ℃（或 30 ℃）培养，24 h 后观察。

平板划线实际操作见图 4-1。

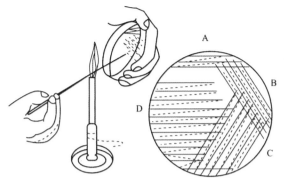

图 4 - 1 平板划线实操

五、思考题

1. 划线平板上为什么会出现菌苔?

2. 实验中要注意哪些操作以确保划线分离到的菌落为单菌落?

实验 41 革兰氏染色

一、实验目的

1. 学习并掌握细菌的制片方法。

2. 了解革兰氏染色法的原理及其在细菌分类鉴定中的重要性。

二、实验原理

革兰氏染色是用来鉴别细菌的一种方法，这种染色法利用细菌细胞壁上的生物化学性质不同，可将细菌分成两类，即革兰氏阳性与革兰氏阴性。革兰氏染色是通过结晶紫初染和碘液媒染后，在细胞壁内形成了不溶于水的结晶紫与碘的复合物。革兰氏阳性菌由于其细胞壁较厚、肽聚糖网层次较多且交联致密，故遇乙醇或丙酮脱色处理时，因失水反而使网孔缩小，再加上它不含类脂，故乙醇处理不会出现缝隙，因此能把结晶紫与碘复合物牢牢留在壁内，使其仍呈紫色；而革兰氏阴性菌因其细胞壁薄、外膜层类脂含量高、肽聚糖层薄且交联度差，在遇脱色剂后，以类脂为主的外膜迅速溶解，薄而松散的肽聚糖网不能阻挡结晶紫与碘复合物的溶出，因此通过乙醇脱色后仍呈无色，再经沙黄等红色染料复染，就使革兰氏阴性菌呈红色。

三、实验材料

1. 菌种：大肠杆菌、金黄色葡萄球菌。

2. 试剂：草酸铵结晶紫染液、卢戈氏（Lugol）碘液、95% 乙醇、番红染液。

3. 仪器：接种环、洗瓶、染色盘、载玻片架、光学显微镜等。

四、实验步骤

1. 涂菌

取干净载玻片 1 块，在载玻片上加 1 滴生理盐水（或灭菌双蒸水），按无菌操作法取菌涂片，注意取菌不要太多。

2. 干燥

让涂片自然晾干或者在酒精灯火焰上方文火烘干。

3. 固定

手执玻片一端，让菌膜朝上，通过火焰 2～3 次固定（以不烫手为宜）。

4. 初染

滴加结晶紫（以刚好将菌膜覆盖为宜）染色 1～2 min，水洗。

5. 媒染

用碘液冲去残水，并用碘液覆盖约 1 min，水洗。

6. 脱色

用滤纸吸去玻片上的残水，将玻片倾斜，在白色背景下，用滴管流加 95% 的乙醇脱色，直至流出的乙醇无紫色时，立即水洗。

7. 复染

用番红液复染约 2 min，水洗。

8. 镜检

干燥后，用油镜观察。菌体被染成蓝紫色的是革兰氏阳性菌，被染成红色的为革兰氏阴性菌。

9. 按上述方法，在同一载玻片上，以大肠杆菌和金黄色葡萄球菌混合涂片、染色、镜检进行比较。

五、思考题

1. 要得到正确的革兰氏染色的实验结果，必须注意哪些操作？

2. 革兰氏染色是否会出现假阳性结果，为什么？

实验 42　稀释平板菌落计数法

一、实验目的

学习稀释平板菌落计数的基本原理和方法。

二、实验原理

平板菌落计数法是将待测样品经适当稀释后,其中的微生物充分分散为单个细胞,取一定量的稀释液接种到平板上,经过培养,由每个单细胞生长繁殖而形成的肉眼可见的菌落,即一个单菌落应代表原样品中的一个单细胞。然后,根据形成的菌落数或稀释比例,以及取样量来计算样品中微生物的数量。该方法操作简便,较适用于菌体大小和质量都相近的类群。

三、实验材料

1. 菌种:大肠杆菌。

2. 仪器:1 ml 和 100 μl 枪头、试管、培养皿、恒温培养箱等。

四、实验步骤

1. 准备无菌平皿 9 套,用记号笔标明 10^{-4}、10^{-5}、10^{-6}(稀释度)各 3 套。另取 6 支盛有 4.5 ml 无菌水的试管,依次标明 10^{-1}、10^{-2}、10^{-3}、10^{-4}、10^{-5}、10^{-6}。

2. 用 1 ml 移液器精确吸取 0.5 ml 已充分混匀的菌悬液(待测样品)至 10^{-1} 的试管中,充分混匀,即为 10^{-1} 稀释液(10/1)。接着,从 10^{-1} 的试管中精确吸取 0.5 ml 已充分混匀的稀释液至 10^{-2} 的试管中,充分混匀,即为 10^{-2} 稀释液(100/1)。后续操作以此类推,直至获得 10^{-6} 稀释液。每次操作均须更换枪头,避免污染。

3. 制备涂布平板,将培养基融化冷却至 50 ℃左右,倒入平皿,待培养基凝固后备用。

4. 用 200 μl 移液器分别从 10^{-4}、10^{-5} 和 10^{-6} 的稀释菌悬液中各吸取 0.1 ml,转入制备的无菌平板上。

5. 将玻璃棒烧热后放凉,将菌液均匀涂布在平板上,水平放置 20 ~ 30 min,使菌液渗入培养基内,后倒置于恒温箱中培养 24 ~ 48 h。

6. 培养完成后,取出培养平板计数生长菌落,要求平板上的菌落在 30 ~ 300。

7. 计算同一稀释度 3 个平板上的菌落平均数,并按下列公式进行计算。

样品中的细菌数 = $(C \div V) \times M$

式中：样品中的细菌数的单位是"ml"；C 为一定稀释度下在平板上生长的菌落的平均数；V 为用于涂布平板的稀释剂的体积（ml）；M 为稀释比例。

释稀平板菌落计数见图 4-2。

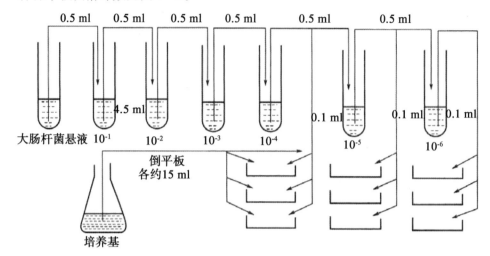

图 4-2 稀释平板菌落计数

五、思考题

稀释平板菌落计数法的结果为什么会偏低？

实验 43　细菌生长观察及生长曲线测定

一、实验目的

1. 了解细菌在各种培养基中的生长现象。
2. 了解细菌生长曲线特点及测定原理，学习用比浊法测定细菌的生长曲线。

二、实验原理

生长曲线就是将一定量的单细胞微生物接种在适合的新鲜液体培养基中，在适宜温度条件下进行培养，然后以菌数的对数为纵坐标，以生长时间为横坐标，得到的曲线。不同的微生物具有不同的生长曲线，同一微生物在不同条件下培养也会得到不同的生长曲线。

比浊法是根据培养液中菌细胞数与浑浊度成正比、与透光度成反比的关系，利用分光光度计测定菌细胞悬液的光密度值（OD 值），以 OD 值来代表培养液中的浊度即微生物量，然后以培养时间为横坐标，以菌悬液的 OD 值为纵坐标绘出生长曲线。

三、实验材料

1. 菌种：枯草芽孢杆菌、大肠杆菌、链球菌。
2. 试剂：牛肉膏蛋白胨培养基。
3. 仪器：恒温摇床、分光光度计、洗瓶等。

四、实验步骤

1. 在液体培养基上的生长情况

（1）表面生长：液体清晰，细菌生长在液面形成菌膜，如枯草杆菌。

（2）混浊生长：液体均匀混浊，或有少量沉淀，如大肠杆菌。

（3）沉淀生长：液体清晰，细菌生长在管底，形成沉淀，如链球菌。

2. 在固体培养基上的生长情况

（1）菌苔：在琼脂斜面培养基上长成菌苔。

（2）菌落：在平板上形成肉眼可见的细菌集合，称为菌落。观察时要注意菌落的大小、形状、表面边缘是否整齐、透明度、颜色等，可作为鉴别细菌的依据之一。

（3）色素：水溶性色素和脂溶性色素。

3．在半固体培养基上的生长情况

（1）有鞭毛的细菌，由于能运动，在半固体培养基内沿穿刺线弥漫性生长，使穿刺线变得模糊不清。

（2）无鞭毛的细菌，因为不能运动，仅能在穿刺部位生长，穿刺线与周围界限清楚。

4．生长曲线测定

（1）取大肠杆菌斜面菌种 1 支，以无菌操作挑取 1 环菌苔，接入培养液中，静止培养 18 h 作为种子培养液。

（2）取 50 ml 牛肉膏蛋白胨培养液转入 250 ml 三角瓶备用，三角瓶分别编号为 0 h、1.5 h、3 h、4 h、6 h、8 h、10 h、12 h、14 h、16 h、20 h。

（3）以 4% 的接种量接种，37 ℃下振落培养，分别在对应时间将三角瓶取出，冰箱冷藏，待所有菌液培养结束后测定 OD_{600} 值。

（4）以未接种的培养基作为空白对照，在 600 nm 波长分光光度计上调零，测定不同时间培养液的 OD 值并绘制生长曲线。

五、思考题

1．为什么在液体培养时，有的菌在表面生长，有的菌形成沉淀？

2．比浊法测定菌体浓度时，如何保证测定的 OD 值准确？

实验 44　细菌生长代谢实验

一、实验目的

掌握细菌代谢产物的检测和结果的判断。

二、实验原理

细菌可以降解多糖产生酸性产物（或产酸产气），通过指示剂呈酸性变色或者是气泡的产生情况来判断多糖是否被利用，进而可以对一些菌株进行区分。该实验主要用于肠道杆菌的鉴定。

尿素酶能分解尿素释放出氨，许多微生物都可以产生尿素酶。在培养过程中，产生尿素酶的细菌将分解尿素产生氨和 CO_2，使培养基的 pH 值升高，在 pH 值升至 8.4 时，酚红指示剂就转变为深粉红色。因此，尿素酶试验被用来快速区分变形杆菌属的细菌。

细菌产生色氨酸酶，可分解蛋白胨中的色氨酸，生成靛基质（吲哚），靛基质与试剂对二甲基氨基苯甲醛作用，生成玫瑰靛基质。

有的细菌能分解含硫氨基酸（胱氨酸、半胱氨酸）产生硫化氢，硫化氢遇亚铁离子或铅离子则结合形成黑色沉淀物（硫化铁或硫化铅沉淀）。

三、实验材料

1. 菌种：大肠杆菌、产气肠杆菌、普通变形杆菌、金黄色葡萄球菌

2. 试剂：溴麝香草酚兰、吲哚试剂、甲基红、95% 乙醇、酚红、醋酸铅溶液等。

四、实验步骤

1. 糖发酵实验

将大肠杆菌、金黄色葡萄球菌分别接种在葡萄糖发酵管内，于 37 ℃ 中培养 18~24 h 进行观察。培养基中指示剂为溴甲酚紫。

如能分解葡萄糖，则产酸，培养基由原来的紫色变为黄色，记录符号为"＋"。如同时还产生气体，则其中倒置的小管中有气泡出现，记录符号为"＋"。

如能分解乳糖，则产酸，培养基由原来的紫色变为黄色，记录符号为"＋"。如同时还产生气体，则其中倒置的小管中有气泡出现，记录符号为"＋"。

如培养基未变色，仍为紫色，则表明细菌不能分解糖。记录符号为"－"。

2. 尿素酶实验

将金黄色葡萄球菌和变形杆菌分别接种到尿素培养基斜面试管，于 37 ℃ 中培养 24～48 h。观察培养基颜色变化。尿素酶存在时为红色，无尿素酶时应为黄色。若斜面有菌落出现，培养基变为红色，表明细菌能产生尿素酶，记录符号 " ＋ "，反之为 " － "。

3. 靛基质吲哚实验

将大肠杆菌和产气肠杆菌分别接种在蛋白胨水培养基中，于 37 ℃ 培养 48 h 后，每管各加吲哚试剂（对二甲基氨基苯甲醛）3～4 滴，若出现红色化合物即玫瑰色吲哚，表明靛基质产生，记为阳性 " ＋ "，反之记为阴性 " － "。

4. 硫化氢产生实验

将大肠杆菌和变形杆菌分别接种在醋酸铝培养基中，于 37 ℃ 培养 24～48 h，若培养基中出现黑色沉淀物即记为阳性 " ＋ "，反之记为阴性 " － "。

五、思考题

1. 尿素酶实验为什么能快速区分变形杆菌？

2. 靛基质吲哚实验可以快速区分哪种类型的细菌？为什么？

3. 糖发酵实验可以用来区分某种特殊的细菌吗？

生物技术综合实验教程

实验 45　环境微生物的检测

一、实验目的

1. 证明实验室环境和人体表面存在微生物。

2. 比较来自不同场所与不同条件下细菌的数量与类型。

3. 观察不同类群微生物的菌落形态特征。

4. 体会无菌操作的重要性。

二、实验原理

平板培养基含有细菌生长所需要的营养成分，当取自不同来源的样品接种于培养基上，在适宜的条件下，1~2 d 每一个菌体能通过细胞分裂（2 n）而进行繁殖，形成一个肉眼可见的有一定形态结构的子细胞的群落，称为菌落。每一种细菌保持有一定的菌落特征，这些菌落特征的区别点都可作为鉴别细菌的主要依据。

三、实验材料

1. 仪器：培养箱、酒精灯、75% 乙醇、灭菌棉签、灭菌培养皿、肥皂（洗手液）、标签纸、记号笔、玻璃棒、水浴锅、无菌枪头、移液枪、称量天平、药匙、灭菌锥形瓶、乳胶手套等。

2. 试剂：LB 培养基、土壤、灭菌水。

四、实验步骤

1. LB 培养基的配制（1 L）

（1）分别称取胰蛋白胨 10 g、酵母提取物 5 g 和 NaCl 10 g，置于烧杯中。

（2）加入 800 ml 蒸馏水于烧杯中，用玻璃棒搅拌，使药品全部溶化。

（3）用 1 mol/L NaOH 调 pH 值至 7.2（约 1 ml）。

（4）将溶液倒入容量瓶中，加入 15 g 琼脂粉，用玻璃棒搅拌，补加蒸馏水至 1 L。

（5）高温灭菌 20 min。

2. 无菌准备

提前 1 h 打开无菌室紫外灯消毒清洁灭菌操作者的衣着和手，以及用于微生物培养的器皿、接种的用具和培养基等。所有无菌操作都需在酒精灯旁进行。

3. 实验操作

（1）将灭菌过的培养皿放在火焰旁的桌面上，右手拿装有培养基的锥形瓶，左手拔出棉塞。右手拿锥形瓶，使瓶口迅速通过火焰。

（2）用左手将培养皿打开一条稍大于瓶口的缝隙，右手将锥形瓶中的培养基（10～15 ml）倒入培养皿，左手立即盖上培养皿的皿盖，轻轻摇匀。

（3）等待平板冷却凝固（需5～10 min）后，将平板倒过来放置，使皿盖在下，皿底在上。

（4）写标签：在各自的培养皿皿底上贴上标签，标明样品来源、姓名、日期。注意：不要贴在中间！

（5）空气中细菌的检查：将平板放在实验室台面上，移去皿盖，使培养基表面暴露于空气中，0.5 h后盖上皿盖，倒置于28 ℃培养箱中培养。

（6）头发上细菌的检查：在揭开皿盖的平板上方，用手将头发拨动数次，使细菌降落到平板表面，然后盖上皿盖。

（7）口腔中细菌的检查：将揭开皿盖的平板放在离口6～8 cm处，对着琼脂表面用力咳嗽，然后盖上皿盖。

（8）手指上细菌的检查：①用记号笔在平板底部画线，将其平均分成两部分，标明洗手前与洗手后及姓名、日期；②移去皿盖，将未洗过的手指在琼脂平板表面轻轻地来回划线，盖上皿盖；③将手用肥皂清洗干净，自然干燥后，在平板的另外一部分同样划线。

（9）自来水中细菌的检查：①灭菌枪头分别吸取1 ml自来水样和1 ml灭菌水样，注入两个灭菌的培养皿中，分别倾注10 ml已融化并冷却到45 ℃左右的培养基，在桌上做平面旋摇，使两者混合均匀；②待培养基凝固后置于37 ℃培养箱中培养24 h，进行菌落计数。

（10）土壤中细菌的检查：①采集一定质量的土壤，在含100 ml无菌稀释水的锥形瓶中加入土样1 g，振荡5 min，取上清液，就得到土壤浸出液（可以看作土壤中的微生物全部转移至水中），制成土壤悬浮液，将土壤悬浮液作10倍和1 000倍2个稀释浓度；②分别取上述稀释浓度的稀释菌悬液各1 ml加入2个无菌平皿，然后倒入合适（10 ml）的培养基，趁热将菌液和培养基混匀，待培养基凝固后置于30 ℃培养箱中培养24 h，进行菌落计数。

（11）细菌的培养：将所有的琼脂平板翻转，使皿底朝上，放入 28 ℃ 培养箱中培养1 ~ 2 d。

（12）菌落计数：观察菌落的特点时，要选择分离很开的单个菌落。特征明显的菌落可初步判断属于哪种微生物。

（13）将实验结果如实记录，并清洗各自的平板。

五、思考题

1. LB 培养基中的胰蛋白胨、酵母提取物和 NaCl 在微生物培养过程中分别有什么作用？

2. 对于观察到菌落中的微生物，设计实验对其进行进一步鉴定。

实验 46　发酵罐构造与实罐灭菌

一、实验目的

1. 了解发酵罐的罐体结构和管道系统，学习发酵罐安装调试的方法。
2. 掌握对发酵罐及其管道系统的灭菌方法。

二、实验原理

发酵罐是用来进行微生物发酵的一种装置，其工作原理是通过搅拌使罐中物料产生径向和轴向流动，使罐内物料充分混合，有利于营养物质的吸收；促进氧气传递，满足微生物的摄氧需求；同时监测和维持罐内发酵环境的稳定。因此发酵罐主要由通气排气装置、给水装置、补料装置、监测设备等和复杂的管道组成。

三、实验材料

搅拌式发酵罐、空压机等。

四、实验步骤

1. 自动温度控制系统安装

将温度探头插入套筒并连接主机，根据实际需要设置温度并打开水循环系统，进行自动控温。

2. pH 自动控制系统安装

将 pH 电极插入套筒并连接主机，设定预设 pH 值，连接自动补料系统调节 pH 值。

3. 空气及其净化系统安装

压缩空气经净化器进入气源接口、减压稳定器、空气流量计、空气入口进入空气过滤器达到反应器内，经特制的空气分布器分散后，进入培养基，尾气经冷凝器、排气过滤器后排出。

4. 水循环系统安装

（1）水进盘管：自来水经阀 W3、电磁阀 W4、夹套盘管进水口、夹套内置盘管、盘管水出口及冷凝水阀 V1 排出。

（2）水进冷凝器：自来水经 W2、冷凝器下部进水口进入冷凝器，从冷凝器上部出口排出。

（3）夹套注水：自来水经阀 W1 进入夹套，经夹套排气阀 V2 排出。

5. 蒸汽系统

蒸汽经蒸汽阀 S1 进入夹套内盘管对夹套内水加热，冷凝水经阀 V1 排出。

被加热的夹套水产生蒸汽经夹套上法兰中的平衡口 N8 进入钟罩，钟罩内的蒸汽冷却后的冷凝水回流进入夹套。

6. 其他部分

（1）顶部取样阀口 K8 与 K6、过滤器侧口 K5 与排气过滤器 K2 口连通。

（2）补料管路：补料针与补料瓶补料口用硅胶管连通，补料瓶平衡口与过滤器用硅胶管连通。

（3）接种管：接种口 N11 与硅胶管连通，硅胶管与补料针连通，用夹子夹紧，补料针出口用纱布、牛皮纸包裹。

7. 按图 4－3（1）连接管线并保证安全可靠。

8. 罐体安装（见图 4－3）

（1）取样阀 K8 口与过滤器无菌空气出口 K6 用硅胶管连同并放开弹簧夹 J2。

（2）过滤器平衡口 K5 与排气过滤器回水口 K2 用硅胶管连接并移去弹簧夹 J1，进气过滤器 K7 用硅胶管连接并用弹簧夹夹紧。

（3）pH 电极装入 N17 口，溶氧电极装入 N11 口，用铝箔纸包好。

（4）盖紧其他盖罐接口。

（5）消泡剂料瓶硅胶管与 N15 连通并用弹簧夹夹住硅胶管，移去排气冷凝器冷却水进出口的水管。

（6）N10 口与移种管、补料针连通，用弹簧夹夹紧移种管；N11 处移种管管口与补料针用硅胶管连通，在硅胶管中间用夹子夹紧，补料针出口用纱布、牛皮纸包裹。

9. 实罐灭菌

（1）开夹套排气阀 V2，开夹套进水阀 W1，当阀 V2 出口有水流出，关夹套进水阀 W1，再关阀 V2。

（2）移去夹套蒸汽平衡阀 V3，用保护罩盖住罐盖、发酵罐并用倾倒螺钉锁紧法兰，开保护罩顶部排气阀 V4。

（3）启动蒸汽发生器；启动搅拌马达，调转速 300 r/min。

（4）关进水阀 W2，开冷凝水阀 V1，开蒸汽发生器出口阀、缓慢开蒸汽阀 S1，蒸汽进入夹套内盘管。升温过程调整阀 V1，以节约蒸汽。

（5）V4 口有蒸汽排出时，2 min 后关闭 V4，当罐温接近 120 ℃、罐压为 0.13 ~ 0.15 MPa 时微开阀 V4 适量排气，并调整蒸汽阀 S1，维持罐温和压力 30 min。

（6）保温结束，关蒸汽阀 S1，全开冷凝阀 V1，开水阀 W3，温度设定自动。

（7）保温结束前微开阀 V2，排出夹套内过多的水。

（8）温度降至 100 ℃ 以下，缓慢开排气阀 V4，使保护罩顶部的压力表指示为零，移去保护罩。

（9）进气过滤器 K7 口与控制箱左侧空气出口连通，开弹簧夹，进行通气，调整空气流量为 3 ~ 5 vvm。

（10）阀 V3 装入 N8 口。消毒结束，关闭蒸汽发生器。

（11）温度达到工艺要求时，调节搅拌转速、空气流量、罐压，标定溶氧电极的斜率及校正 pH 电极的零点。

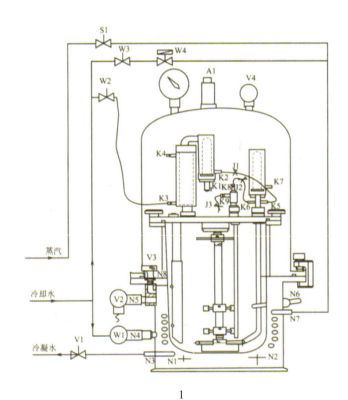

1

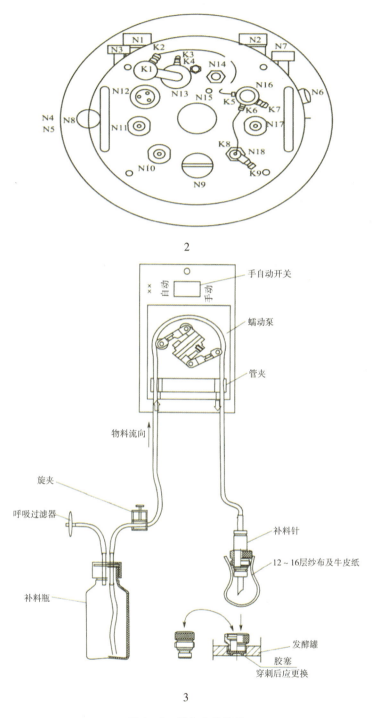

图 4-3 罐体安装结构

五、思考题

1. 在进行溶氧控制时，输出的气压应控制在什么范围内？

2. 实罐灭菌完成后需要蒸汽保压吗？为什么？

实验 47　淀粉质原料的酒精发酵系列实验

Ⅰ　酶法糖化实验及糖度测定

一、实验目的

1. 掌握用酶解法从淀粉原料到水解糖的制备原理及方法。

2. 学习用糖锤度计测定糖度的方法。

二、实验原理

在发酵过程中，因有些微生物不能直接利用淀粉，当以淀粉为原料时，必须先将淀粉水解成葡萄糖，才能供发酵使用。一般将淀粉水解为葡萄糖的过程称为淀粉的糖化，所制得的糖液称为淀粉水解糖。水解淀粉为葡萄糖的方法包括酸解法、酸酶结合法和酶解法。

酶解法是指利用淀粉酶将淀粉水解为葡萄糖的过程。酶解葡萄糖可分为两步：第一步是利用 α - 淀粉酶将淀粉转化为糊精及低聚糖，使淀粉的可溶性增加，这个过程称为液化；第二步是利用糖化酶将糊精或低聚糖进一步水解，转变为葡萄糖的过程，这个过程在生产上称为糖化。淀粉的液化和糖化都是在酶的作用下进行的，故该方法也称为双酶法。

1. 酶解法液化原理

淀粉的酶解法液化是以 α - 淀粉酶作为催化剂，该酶作用于淀粉的 α - 1，4 - 糖苷键，从内部随机地水解淀粉，从而迅速将淀粉水解为糊精及少量麦芽糖，所以 α - 淀粉酶也称内切淀粉酶。淀粉受到 α - 淀粉酶的作用后，其碘色反应发生以下变化：蓝色→紫色→红色→浅红色→不显色（即显碘原色）。

2. 酶解法糖化原理

淀粉的酶解法糖化是以糖化酶为催化剂，该酶从非还原末端以葡萄糖为单位依次分解淀粉的 α - 1，4 - 糖苷键或 α - 1，6 - 糖苷键，由于是从链的一端逐渐一个个地切断为葡萄糖，所以糖化酶也成称外切淀粉酶。

3. 糖锤度计原理

糖锤度计是通过其漂浮在液体中的高度来测量特定溶液的相对密度,相对密度越小的液体,糖度计下沉就越深。糖度的估算公式如下:

糖度 = (相对密度 - 1) × 1 000 ÷ 4

三、实验材料

1. 试剂:玉米淀粉、α-淀粉酶、糖化酶、pH 试纸。

2. 仪器:恒温水浴锅、烘箱、滴定管、电炉、离心机、白瓷板、烧杯、糖度计等。

四、实验步骤

1. 淀粉的液化

用天平称玉米淀粉 200 g,按原料:水(W/W)为 1:4 计,用量筒取 800 ml 水,加热至 50 ℃后与玉米淀粉混匀,调节 pH 值至 6.5,按每克淀粉加入 15~30 U α-淀粉酶淀粉加入 α-淀粉酶,按无水氯化钙:α-淀粉酶(W/W)为 1:1 的比例加入无水氯化钙。在 150~200 r/min 搅拌下,先加热至 72 ℃,保温 15 min;再加热至 90 ℃,在 300 r/min 搅拌下保温 50~60 min,取小样检测碘色反应呈棕红色即为液化终点。液化反应后,再升温至 100~120 ℃,保持 5~8 min,以凝聚蛋白质。最后以 6 000 r/min 离心 5 min 得到上清液。

2. 淀粉的糖化

迅速将上述上清液用盐酸将 pH 值调至 4.2~4.5,同时迅速降温至 60 ℃,然后按每克淀粉加入 200 U 糖化酶的比例加入糖化酶,于 60 ℃保温。当用无水乙醇检验无糊精存在时,将溶液 pH 值调至 4.8~5.0,同时,将溶液加热至 80 ℃,保温 20 min。然后,将溶液温度降至 60~70 ℃,以 6 000 r/min 离心 5 min 得到上清液后备用。

3. 糖度测定

取 80 ml 上述糖化上清液,放于 100 ml 量筒中,放入糖锤度计,待稳定后,从糖锤度计与糖化液面的交界处读出糖度,同时测定糖化液温度,根据表 4-1 确定校正值,计算 20 ℃时的糖化液糖度。

表4－1　糖锤度与温度校正

温度	IBx	2Bx	3Bx	4Bx	5Bx	6Bx	7Bx	8Bx	9Bx	10Bx	11Bx	12Bx
15℃	−0.20	−0.20	−0.2	−0.21	−0.22	−0.22	−0.23	−0.23	−0.24	−0.24	−0.24	−0.25
16℃	−0.17	−0.17	−0.18	−0.18	−0.18	−0.18	−0.19	−0.19	−0.20	−0.20	−0.20	−0.21
17℃	−0.13	−0.13	−0.14	−0.14	−0.14	−0.14	−0.14	−0.15	−0.15	−0.15	−0.15	−0.16
18℃	−0.09	−0.09	−0.10	−0.10	−0.10	−0.10	−0.10	−0.10	−0.10	−0.10	−0.10	−0.10
19℃	−0.05	−0.05	−0.05	−0.05	−0.05	−0.05	−0.05	−0.05	−0.05	−0.05	−0.05	−0.05
20℃	0	0	0	0	0	0	0	0	0	0	0	0
21℃	0.04	0.05	0.05	0.05	0.05	0.05	0.05	0.06	0.06	0.06	0.06	0.06
22℃	0.10	0.10	0.10	0.10	0.10	0.10	0.10	0.11	0.11	0.11	0.11	0.11
23℃	0.16	0.16	0.16	0.16	0.16	0.16	0.16	0.17	0.17	0.17	0.17	0.17
24℃	0.21	0.21	0.22	0.22	0.22	0.22	0.22	0.23	0.23	0.23	0.23	0.23
25℃	0.27	0.27	0.28	0.28	0.28	0.28	0.29	0.29	0.30	0.30	0.30	0.30
26℃	0.33	0.33	0.34	0.34	0.34	0.34	0.35	0.35	0.36	0.36	0.36	0.36
27℃	0.40	0.40	0.41	0.41	0.41	0.41	0.41	0.42	0.42	0.42	0.42	0.43
28℃	0.46	0.46	0.47	0.47	0.47	0.47	0.48	0.48	0.49	0.49	0.49	0.50
29℃	0.54	0.54	0.55	0.55	0.55	0.55	0.55	0.56	0.56	0.56	0.57	0.57
30℃	0.61	0.61	0.62	0.62	0.62	0.62	0.62	0.63	0.63	0.63	0.64	0.64
31℃	0.69	0.69	0.70	0.70	0.70	0.70	0.70	0.71	0.71	0.71	0.72	0.72
32℃	0.76	0.77	0.77	0.78	0.78	0.78	0.78	0.79	0.79	0.79	0.80	0.80

五、思考题

1. 淀粉液化时加入无水氯化钙的目的是什么？

2. 糖度测定时为什么要进行温度校正？

Ⅱ 酸度和 pH 值的测定

一、实验目的

掌握酸度和 pH 值的测定方法，监测酒精发酵的进程。

二、实验原理

总酸是食品中所有酸性成分的总量，又可称为滴定酸度，包括已离解的和未离解的酸的浓度。酸碱滴定法是指利用酸和碱在水中以质子转移反应为基础的滴定分析方法，可用于测定酸性、碱性和两性物质，是一种利用酸、碱反应进行容量分析的方法。

pH 仪是采用氢离子选择性电极水溶液测定 pH 值的一种广泛使用的化学分析仪器，是用电势法来测量 pH 值。

三、实验材料

1. 试剂：0.1 mol/L 氢氧化钠标准溶液、酚酞试剂。

2. 仪器：pH 仪、烧杯、三角瓶等。

四、实验步骤

1. 酸度测定

取 5 ml 除气发酵液，置于 250 ml 三角瓶中，加 50 ml 蒸馏水，再加 1 滴酚酞指示剂，用 0.1 mol/L 氢氧化钠标准溶液滴定至微红色（不可过量），经摇动后不消失为止，记下消耗的氢氧化钠溶液的体积（ml），其计算公式如下：

总酸% $= 20MV$

式中：M 为氢氧化钠的实际摩尔浓度；V 为消耗的氢氧化钠溶液的体积。

2. pH 值测定

采用精密 pH 计测定。具体操作如下：

（1）选择开关旋至 pH 档。

（2）调节温度补偿至室温。

（3）把斜率调节旋钮顺时针旋到底（即调到 100% 位置）。

（4）将洗净擦干的电极插入 pH 值 6.86 的缓冲液中，调节定位旋钮至 pH 值 6.86。

（5）用蒸馏水清洗电极，擦干，再插入 pH 值 4.00 的标准缓冲液中，调节斜率至

pH 值 4.00。

（6）重复（4）（5），直至不用再调节定位和斜率两旋钮为止。

（7）清洗电极，擦干，将电极插入发酵液中，摇动烧杯，使均匀接触，在显示屏中读出被测溶液的 pH 值。

（8）关闭电源，清洗电极，并将电极保护套套上，套内应放少量补充液以保持电极球泡的湿润，切忌浸泡于蒸馏水中。

五、思考题

1. 酸、碱滴定时为什么要用水稀释？

2. pH 值测定时第（4）（5）（6）步操作的目的是什么？

Ⅲ　酒精发酵实验

一、实验目的

了解和掌握液态酒精发酵生产的全过程。

二、实验原理

人们利用酵母进行酒精发酵，从广义来说，包括传统发酵中的发酵酒（如葡萄酒、黄酒等）和蒸馏酒（如白兰地、中国白酒等），以及利用纯种酵母进行的酒精发酵。其原理均是利用酵母在缺氧条件下对葡萄糖的不完全氧化而得到乙醇，与此同时，酵母也获得了赖以生存的能量，它是一个典型的微生物发酵应用实例。

三、实验材料

1. 菌种：活性干酵母。

2. 试剂：玉米淀粉。

3. 仪器：发酵罐、糖度计、温度计等。

四、实验步骤

1. 淀粉的处理

采用双酶法处理淀粉原料并测定糖度。

2. 干酵母的活化

活化的干酵母数量为淀粉重量的 1%，称取适量的干酵母，置于刚用 70%（V/V）酒精洗净并倒空的带塞试管内，加入于干酵母 10 倍重量的 38 ~ 40 ℃的水，在 38 ~ 40 ℃水浴中保温 15 ~ 20 min 后立即用于接种。

4. 接种

将前面步骤 1 中准备好的淀粉糖化液 900 ~ 1 000 ml 趁热（58 ~ 60 ℃）倒入发酵罐内，同时加入 1 ml 消泡剂。于 121 ℃下灭菌 30 min，将糖化液水浴冷却至 32 ℃，将活化的酵母种子转入发酵罐中。

5. 发酵过程

接种完毕后，将搅拌转数设置好，水浴恒温，并开始发酵计时。全程发酵时间预计在 30 ~ 36 h。其中，第 0 ~ 4 h，温度控制在 32 ~ 34 ℃，搅拌转数 100 r/min。第 5 h

到发酵终止，温度控制在 38～40 ℃，转数降至每分钟几十转。在发酵过程中，须定时取样，并按步骤 6 所述的方法进行测定和观察。

6. 中间测定项目

发酵过程中取一定量的糖化液，静置 5 min，待其内部空气溢出后，用糖度计测定糖度，用 pH 仪测定 pH 值，用滴定法测定酸度，用镜检观察酵母形态。

7. 发酵产率的测定

用量筒量取发酵终止后并振荡均匀的成熟发酵醪 100 ml，倒入 500 ml 的烧杯中，再用蒸馏水将量筒中残留的发酵液冲洗倒入烧瓶中，将烧瓶连接上冷凝器。冷凝器下端用 150 ml 三角瓶接收馏出液。开始蒸馏时用文火加热，沸腾后可加大加热力度。蒸馏至馏出液为 110～120 ml 时停止蒸馏，将馏出液适量倒入 100 ml 量筒中，用酒精度和温度计测定酒精度和温度，并换算成标准酒精度，再进一步算出发酵产率。

相对密度与酒精度对照见表 4-2。

表 4-2　相对密度-酒精度对照

相对密度	酒精度	相对密度	酒精度	相对密度	酒精度	相对密度	酒精度
1.000 0	0.000	0.997 0	1.620	0.994 0	3.320	0.991 0	5.130
0.999 9	0.055	0.996 9	1.675	0.993 9	3.375	0.990 9	5.190
0.999 8	0.110	0.996 8	1.730	0.993 8	3.435	0.990 8	5.255
0.999 7	0.165	0.996 7	1.785	0.993 7	3.490	0.990 7	5.315
0.999 6	0.220	0.996 6	1.840	0.993 6	3.550	0.990 6	5.375
0.999 5	0.270	0.996 5	1.890	0.993 5	3.610	0.990 5	5.445
0.999 4	0.325	0.996 4	1.950	0.993 4	3.670	0.990 4	5.510
0.999 3	0.380	0.996 3	2.005	0.993 3	3.730	0.990 3	5.570
0.999 2	0.435	0.996 2	2.060	0.993 2	3.785	0.990 2	5.635
0.999 1	0.485	0.996 1	2.120	0.993 1	3.845	0.990 1	5.700
0.999 0	0.540	0.996 0	2.170	0.993 0	3.905	0.990 0	5.760
0.998 9	0.590	0.995 9	2.225	0.992 9	3.965	0.989 9	5.820
0.998 8	0.645	0.995 8	2.280	0.992 8	4.030	0.989 8	5.890
0.998 7	0.700	0.995 7	2.335	0.992 7	4.090	0.989 7	5.950
0.998 6	0.750	0.995 6	2.390	0.992 6	4.150	0.989 6	6.015
0.998 5	0.805	0.995 5	2.450	0.992 5	4.215	0.989 5	6.080

（续表）

相对密度	酒精度	相对密度	酒精度	相对密度	酒精度	相对密度	酒精度
0.998 4	0.855	0.995 4	2.505	0.992 4	4.275	0.989 4	6.150
0.998 3	0.910	0.995 3	2.560	0.992 3	4.335	0.989 3	6.025
0.998 2	0.965	0.995 2	2.620	0.992 2	4.400	0.989 2	6.270
0.998 1	1.115	0.995 1	2.675	0.992 1	4.460	0.989 1	6.330
0.998 0	1.070	0.995 0	2.730	0.992 0	4.520	0.989 0	6.395
0.997 9	1.125	0.994 9	2.790	0.991 9	4.580	0.988 9	6.455
0.997 8	1.180	0.994 8	2.850	0.991 8	4.640	0.988 8	6.520
0.997 7	1.235	0.994 7	2.910	0.991 7	4.700	0.988 7	6.580
0.997 6	1.285	0.994 6	2.970	0.991 6	4.760	0.988 6	6.645
0.997 5	1.345	0.994 5	3.030	0.991 5	4.825	0.988 5	6.710
0.997 4	1.400	0.994 4	3.090	0.991 4	4.885	0.988 4	6.780
0.997 3	1.455	0.994 3	3.150	0.991 3	4.945	0.988 3	6.840
0.997 2	1.510	0.994 2	3.205	0.991 2	5.005	0.988 2	6.910
0.997 1	1.565	0.994 1	3.265	0.991 1	5.070	0.988 1	6.980

五、思考题

1. 计算本实验的发酵产率。

2. 分析影响发酵产率的因素。

实验 48   固定化细胞发酵及酶活力测定

1. 学习固定化细胞的方法，了解不同发酵方式对细菌代谢的影响。

2. 掌握分光光度法测定液化型淀粉酶活力的基本原理和方法。

二、实验原理

固定化细胞是指固定在水不溶性载体上，在一定的空间范围进行生命活动（生长、发育、繁殖、遗传和新陈代谢等）的细胞。细胞固定化的方法很多，主要分为吸附法和包埋法。包埋法可分为凝胶包埋法和半透膜包埋法。凝胶包埋法是将微生物细胞均匀地包埋在水不溶性载体的紧密结构中，使细胞不至漏出，是应用最广泛的细胞固定方法。由于在制定固定化细胞时，细胞和载体不起任何化学反应，细胞处于最佳生理状态，因此，酶的稳定性高，活力耐久。由于固定化细胞有凝胶作为屏障，可避免外界不良因素的影响，因此，能迅速增殖，单位体积内的细菌数比通常液体培养的高，同时增殖细菌凝集在凝胶表面形成浓厚的菌体层，细胞迅速与基质接触，可缩短发酵周期。

淀粉遇碘呈蓝色，这种淀粉－碘复合物在 660 nm 处有较大的吸收峰，可以用分光光度计测定。随着酶的不断作用，淀粉长链被切断，生成小分子糊精，使其对碘的蓝色反应逐渐消失，因此，可以根据一定时间内蓝色消失的程度为指标来测定 α－淀粉酶的活力。

三、实验材料

1. 菌种：芽孢杆菌。

2. 试剂：无水 $CaCl_2$、海藻酸钠、碘原液、2% 可溶性淀粉、淀粉酶测定试剂盒、牛肉膏蛋白胨培养基。

3. 仪器：离心机、分光光度计、恒温水浴锅、试管架、秒表等。

四、实验步骤

1. 用接种环取一环保藏菌种，转入灭菌牛肉膏蛋白胨培养基中，37 ℃摇瓶培养 12～24 h 以菌种制备。

2. 称取海藻酸钠 1 g 加入 100 ml 水中，微火加热溶解后冷却至室温，加入已经活化的芽孢杆菌细胞液，用玻璃棒充分搅拌混合均匀。注意不要产生气泡。

3. 用 20 ml 注射器吸取海藻酸钠与芽孢杆菌细胞混合液，在距液面 12～15 cm 处（过低，疑胶珠形状不规则；过高，液体容易飞溅），缓慢将混合液滴加到 $CaCl_2$ 溶液中制成凝胶珠，将凝胶珠在 $CaCl_2$ 溶液中浸泡 30 min 左右。

4. 用 5 ml 移液器吸取蒸馏水冲洗固定好的凝胶珠 2～3 次，选择成型完好的凝胶珠加入装有牛肉膏蛋白胨培养基的三角瓶中，置于 37 ℃ 发酵 24 h。

5. 将发酵液离心 5 000 r/min，10 min，取上清液作为粗酶液，以 pH 6.0 缓冲液稀释至适当浓度，作为待测酶液。

6. 对粗酶液进行适当稀释，制备不同浓度稀释液，按照试剂盒操作说明测定淀粉酶活力。

7. 将可溶性淀粉稀释成 0.2%、0.5%、1%、1.5%、2% 的稀释液；吸取淀粉稀释液 2.0 ml 加至试管中，加入磷酸氢二钠－柠檬酸缓冲液 1.0 ml，40 ℃ 水浴保温 15 min；加蒸馏水 1 ml，40 ℃ 保温 30 min 后加入 0.5 mol/L 乙酸 10 ml；吸取反应液 1 ml，加入稀碘液 10 ml，混匀，在 660 nm 下测吸光值。以淀粉浓度为横坐标，吸光度为纵坐标，绘制标准曲线。

五、思考题

1. 凝胶法固定化细胞的优缺点有哪些？

2. 测定酶活力时，在具体操作上应注意哪些问题？

3. 为什么测定酶活力的试剂要在 40 ℃ 水浴锅中预热？

实验 49　酸奶发酵与品评

一、实验目的

1. 了解酸奶制作的基本理论。

2. 了解酸奶制作的方法。

二、实验原理

传统酸奶是以牛乳为原料，添加适量蔗糖，经巴氏杀菌后冷却，接种乳酸菌发酵剂，经保温发酵而制成。酸奶制作的发酵剂具有单菌和多菌混合型，菌种的选择主要是由产品的要求及生产条件确定的。目前，普遍采用的是多菌混合型，多菌混合发酵可提高产酸力并使产品具有更佳的风味。常用的多菌混合是 1∶1 的嗜热链球菌（*Streptococcus thermophilus*）和保加利亚乳杆菌（*Lactobacillus bulgaricus*）。保加利亚乳杆菌的最适生长温度是 40~43 ℃，嗜热链球菌的最适生长温度稍低，所以酸奶发酵的温度一般为 41~42 ℃。

三、实验材料

1. 菌种：嗜热链球菌、保加利亚乳杆菌；也可购买混合型发酵剂，根据说明书的要求使用。

2. 材料：新鲜优质牛奶或脱脂奶粉、蔗糖（白砂糖）。

3. 仪器：18 mm×180 mm 试管、300 ml 三角瓶、500 ml 烧杯、200 ml 量筒、5 ml 无菌吸管、酸奶瓶、玻璃棒、天平、分光光度计、冰箱、保温箱等。

四、实验步骤

1. 发酵剂制作

将嗜热链球菌和保加利亚乳杆菌分别用 10% 脱脂奶培养基（试管）活化 3 次，然后转接入三角瓶脱脂奶培养基。嗜热链球菌 37~40 ℃ 培养，保加利亚乳杆菌 42~43 ℃ 培养。每次牛奶凝固即可以转接，培养时间为 12~14 h，接种量为 1%~2%。

2. 酸奶制作

将新鲜牛奶或 12%~13% 的脱脂牛奶加入 3%~6% 的蔗糖，pH 值自然，分装入酸奶瓶。将酸奶瓶置于 80 ℃ 维持 20 min 或沸水浴 15 min。

待牛奶冷却至 40 ~ 45 ℃，接入发酵剂（嗜热链球菌和保加利亚乳杆菌），接种量为 2%，接种比例为 1∶1，混匀封口，或以 2% ~ 5% 的接种量接入市售新鲜酸乳作为发酵剂。

发酵接种后，置于 42 ~ 43 ℃中保温发酵 4 h 左右，待酸奶凝结，pH 值达到 4.2 ~ 4.3 时，停止发酵。

将酸奶转至 2 ~ 4 ℃冷藏后发酵，当温度降至 10 ℃后停止后发酵。继续冷藏 12 ~ 20 h，促进呈香。

3. 感官评价

根据表 4 - 3 进行感官评价。

表 4 - 3　酸奶感官评价

等级	色泽（10分）	气味（20分）	滋味（30分）	组织状态（30分）	喜爱程度（10分）
优	色泽均匀一致，呈乳白色（9~10分）	有浓郁奶香、纯正的发酵香（16~20分）	酸甜适口，口感细腻（24~30分）	组织状态均匀细腻，表面光滑，无乳清析出（24~30分）	非常喜欢9~10分
良	色泽比较均匀一致，呈乳白色（6~8分）	有较淡的奶香、纯正的发酵香（11~15分）	稍酸或稍甜，口感细腻（16~23分）	组织状态均匀细腻，有少量乳清析出（16~23分）	喜欢6~8分
中	色泽不均匀，呈浅灰色（3~5分）	香气淡薄（6~10分）	过酸或过甜，口感比较细腻（8~15分）	凝乳不均匀，有裂纹，有气泡，有乳清析出（8~15分）	一般，不讨厌3~5分
差	色泽灰暗或出现其他异常颜色（0~2分）	几乎没有香气（0~5分）	有其他不适气味，如酒精味及霉味等（0~7分）	组织粗糙（有结块），有裂纹，有气泡，乳清析出严重（0~7分）	不喜欢0~2分

五、思考题

1. 酸奶为什么要进行低温后发酵？

2. 酸奶发酵中为什么常选用等热链球菌和保加利亚乳杆菌混合比例 1∶1 进行发酵？

第五章 发育生物学实验

实验 50 蚕豆根尖微核实验

一、实验目的

了解各种环境污染对生物遗传性质的改变，增强环境保护意识，同时掌握微核实验技术。

二、实验原理

环境的三致性，即指环境对生物的致畸、致癌、致突变性，是目前环境污染中最主要的问题。三致的根本在于致突变，致畸、致癌常常是致突变的结果。

微核是无着丝点的染色体断片，在有丝分裂后期不能向两极移动，所以游离于细胞质中，在间期细胞核形成时，即可在它附近看到一到几个很小的圆形结构，直径是细胞直径的 $1/20 \sim 1/5$，即微核。微核是常用的遗传毒理学指标之一，指示染色体或纺锤体的损伤。由于这种损伤会因细胞受到的外界诱变因子的作用而加剧，而微核产生的数量又可与诱变因子剂量的强弱呈正比，因此，可以用微核出现的频率来评价环境诱变因子对生物遗传物质的损伤程度。

如果进行染色体畸变分析，首先要做染色核型分析（包括正常和异常的）。染色体数目多、形状小，则适于做核型分析的中间分裂相细胞不易得到，而且核型分析时需要较好的遗传学知识，还需要较丰富的经验。与之比较，微核法是一种不需特殊试剂及设备，快速而简便的检测方法。

微核实验创建于 20 世纪 70 年代中期，目前许多国家和国际组织已将其规定为新药、食品添加剂、农药、化妆品等毒理安全性评价的必做实验。微核实验在对外来化合物（如药品、食品添加剂、农药、化妆品、环境污染物等）遗传毒性和职业暴露人群遗传损害监测和现场生态环境检测方面，在诊断和预防肝癌、食管癌、肺癌等恶性肿瘤方面得到了大量的应用。微核实验最大的优点是经济、简单、快速，而国内外大量的实验研究比较一致的看法是：该方法在敏感性、特异性和准确性方面，与经典的染色体畸变分析方法基本相当。因而，特别适合作为大量化合物和现场人群初筛的实验方法。近年来，随着分子生物学技术的迅速发展和渗透到微核研究中，大大拓展了微核实验的检测和应用范围，已发展成为能同时检测染色体断裂、丢失、分裂延迟、分裂不平衡、基因扩增、不分裂、DNA损伤修复障碍、细胞分裂不平衡等多种遗传学终点的检测。

蚕豆根尖微核实验在1986年已被国家环境保护局列为一种环境生物测试的规范方法，它作为一种环境变异的检测手段，在我国不少地区的环保部门和医疗卫生系统中都有广泛的应用。蚕豆根尖微核实验与染色体畸变实验同样具有准确、快速、操作简便、适合大批量样品检测等特点。美国国家环境保护局也肯定了蚕豆根尖微核实验在环境突变性检测中的作用，对许多环境致癌物都做了标准化的实验，建立了庞大的数据库，并建议在全世界范围内推广。

三、实验材料

1. 材料：蚕豆种子。

2. 仪器：光学显微镜、试管、培养皿、烧杯、镊子、载玻片、盖玻片、滤纸等。

3. 试剂：重铬酸钾、卡诺氏固定液（由3∶1的乙醇和冰醋酸配制）、水解分离液（由盐酸与乙醇1∶1混合）、改良苯酚品红染液。

四、实验步骤

1. 种子处理

（1）蚕豆种子洗净后，室温下用蒸馏水浸泡发芽24 h，然后移入铺有纱布的托盘内培养。当初生根长到2 cm时，取发育良好的，大小与根长近似的幼根。

（2）将选好的蚕豆芽放入发芽盒中，使根尖完全浸入处理水样中，室温下培养48 h后，用蒸馏水洗根尖2次，蒸馏水恢复24 h，设蒸馏水处理为空白对照。本实验设2个处理：一为重铬酸钾药物处理，一为蒸馏水处理。

2. 固定

固定时，在10 ml试管内放入卡诺氏固定液约5 ml，用刀片或小剪刀切取经过处理的长0.5~1 cm的根尖10~20条，放入试管内，用塞盖紧，在室温下固定24 h，固定液的用量为材料体积的15倍以上。

3. 水解分离

水解分离的作用是去除未固定的蛋白质，同时使胞间层的果胶类物质解体，细胞分散而易于观察。取处理好的材料，放在试管内加水解分离液 2 ml，室温下处理 15 ~ 20 min，倒去水解分离液；再加入固定液 2 ml，进行软化 5 min，软化对细胞壁起腐蚀作用；然后倒去固定液，用蒸馏水反复冲洗使材料呈白色微透明，以镊子柄能轻压碎即可。

4. 染色压片

改良苯酚品红染色法：切取根尖分身组织放在载玻片上纵横切成几段，分别放在 2 片载玻片上，覆以载玻片，用镊子柄或铅笔头轻敲几下，再用拇指用力下压，注意不要使玻片移动，分开两玻片，各滴上 1 ~ 2 滴染液，20 ~ 30 min 后加上盖玻片，注意不要有气泡产生，用吸水纸吸去多余染液，压片时注意区分两种不同处理的材料。

5. 镜检

低倍镜（10 倍）镜检后，选择细胞分散均匀、细胞无损、染色良好的区域（也可在高倍镜下观察），每个处理观察 100 个细胞，记下微核数（2 个处理分别记录）。

6. 实验结果记录

按表 5 - 1 所示记录每人观察的微核数及本组平均各处理微核率。

表 5 - 1　蚕豆根尖微核数记录

处理	微核数/100 个细胞			平均微核率
	1	2	3	
处理 1				
处理 2				

五、思考题

1. 微核实验在环境评价中有何意义？

2. 有一种粉末状的化学制剂，如何确定它是否有致突变的作用？

3. 在一般良好的自然环境中，动物或植物的细胞是否会出现微核？你为什么这样认为？

实验 51　不同浓度硫酸铜对斑马鱼的毒性效应

一、实验目的

1. 了解斑马鱼的生长发育过程。
2. 测定不同浓度硫酸铜对斑马鱼的半数致死浓度（LC50）。
3. 使用 SPSS 运算 LC50。

二、实验原理

重金属污染是近年渔业环境污染的公害之一。随着工农业的发展，浓度严重超标的一些重金属离子被排入水体而造成污染，对鱼类有毒害作用。目前，水体中的重金属主要有 Cd、Cu、Pb、Zn 等。其中，Cu 离子就具有较强的毒性，可以和蛋白质中游离的羧基形成不溶性的盐，使蛋白质变性，因此常被用作杀菌剂。

斑马鱼（*Danio rerio*）是常见的暖水性（21 ~ 32 ℃）观赏鱼，鲤科，个体小（45 cm），常年产卵，鱼卵易收集，性成熟周期短且胚胎透明，便于观察药物对其体内器官的影响。雌性斑马鱼可产卵 200 枚，胚胎在 24 h 内就可发育成形，繁殖水温 24 ℃时，受精卵经 2 ~ 3 d 孵出仔鱼；水温 28 ℃时，受精卵经 36 h 孵出仔鱼，这使得生物学家可以在同一代鱼身上进行不同的实验，进而研究病理演化过程并找到病因。由于斑马鱼基因与人类基因的相似度达到 87%，这意味着在其身上做药物实验所得到的结果在多数情况下也适用于人体，因此，它受到生物学家的重视。

在斑马鱼的整个生活周期中，胚胎期和仔稚幼鱼早期发育阶段对重金属污染最为敏感。据报道，波罗的海春天产卵的鲱鱼，在 10 ppb[①] 的 Cu^{2+}，水的盐度为 5.7 条件下，即对它的受精和发育有影响。30 ppb 的 Cu^{2+} 引起大西洋鲱鱼（*Clupea harengut*）卵的死亡，而 35 ppb 的 Cu^{2+} 也使太平洋鲱鱼（*C. pallasi*）的胚胎发生大量死亡。吴玉霖等 1990 年依据不同金属对褐牙鲆胚胎的滞育、致畸、成活率及孵化率的综合影响指标，得出 5 种金属对褐牙鲆胚胎的毒性大小顺序为：$Cu^{2+} > Zn^{2+} > Cd^{2+} > Pb^{2+} > Cr^{3+}$；对仔鱼的毒性大小顺序为：$Cu^{2+} > Cd^{2+} > Zn^{2+} > Pb^{2+} > Cr^{3+}$。因此本实验选取硫酸铜进行斑马鱼毒性试验。

---

① 1ppb = 10^{-9}。

三、实验材料

1. 材料：斑马鱼受精卵。

2. 仪器：24 孔细胞培养板、恒温培养箱。

3. 试剂：$CuSO_4$、斑马鱼卵培养液、用充分暴晒的自来水配制成浓度为 5 mg/L 的 $CuSO_4$ 母液。

四、实验步骤

1. 硫酸铜浓度梯度的设定

经查阅文献，确定斑马鱼胚胎发育从受精到孵化出幼鱼过程中的 $CuSO_4$ 半致死浓度和安全浓度范围，设定 5 个浓度梯度和 1 个对照组。

研究表明，Cu 对大银鱼受精卵的安全浓度为 0.00 112 mg/L，对状黄姑鱼仔鱼的安全浓度为 0.006 mg/L。所以，设定对照组 $CuSO_4$ 的浓度梯度分别为 0（空白对照）、0.01 mg/L、0.1 mg/L、1.0 mg/L，每个浓度组设定 3 个平行组。使用暴晒后的自来水配制。

2. 胚胎的挑选与培养管理

在显微镜下选取正常发育至囊胚时期（产卵 2~3 h 的斑马鱼胚胎）的斑马鱼胚胎按 3~5 个/孔的密度移入 24 孔细胞培养板的各培养孔内，每个培养板的第一列 3 个孔加入 1.5 ml 标准培养液作为空白对照，其余孔加入 1.5 ml 重金属溶液，加盖以免溶液蒸发，置于 28 ℃ 恒温培养箱中培养。每 12 h 更换溶液 1 次，每次所换水中 $CuSO_4$ 溶液与最初浓度保持一致，每次换水量为原水量的 1/2。

3. 观察、记录

每隔 12 h 在显微镜下观察各组胚胎整体发育情况并拍照片记录，记录至培养 48 h 结束。鱼卵孵化后，统计胚胎孵化率和仔鱼畸形率。如果胚胎出现 S 形弯曲、萎缩、缺少头部、未形成体节，以及增生或者分叉、心跳缓慢、心包囊肿等则认为胚胎发育畸形；对于初孵仔鱼，若出现活力弱、运动失调、鳍褶出现残缺、身体成深褐色，并在 12 h 内死亡，则认为胚胎受到重金属的危害。用观察心跳、身体运动及外物刺激有无反应来判断胚胎和仔鱼的死亡，死亡的胚胎和仔鱼应立即从培养溶液中移除。

4. 观察并描述斑马鱼的发育过程。

5. 利用 SPSS 软件计算半数致死浓度 LC50。

五、思考题

1. 查阅文献，列举影响斑马鱼发育的自然因素有哪些？

2. Cu^{2+} 对斑马鱼哪些器官和系统的影响最大？可能原因是什么？

实验 52 甲状腺素对蝌蚪变态发育的调控

一、实验目的

通过外源给予甲状腺素的方法，观察不同浓度下甲状腺素对蝌蚪变态过程的影响，验证激素发育过程中的重要调控作用，并建立细胞分化远程调控的概念。

二、实验原理

变态是动物发育中普遍存在、引人关注的现象，被认为是动物在演化中建立起来的一种特殊的发育策略，为动物的多样性形成做出了贡献。一些昆虫、两栖动物、软体动物、甲壳动物、棘皮动物、被囊动物都会经历变态的过程，通常伴随着环境和行为的改变。两栖动物爪蟾是发育研究的经典模式生物，其胚后的发育存在典型的变态阶段。从蝌蚪变态为成体，身体外部形态及内部结构均发生了重大的改变，以适应成体的生活环境。

在 20 世纪初，人们在实验中就发现甲状腺素对于蝌蚪变态的影响：切除甲状腺可以阻止蝌蚪变态，而给予过量的甲状腺素可以促使蝌蚪提前变态。研究表明，甲状腺产生分泌的三碘甲状腺原氨酸（T_3）是诱导两栖动物变态的关键成分。甲状腺素通过对一系列靶基因转录的控制，特别是甲状腺素和甲状腺素受体之间的相互作用，启动和控制两栖动物的变态。通常情况下，甲状腺素受体在细胞内的浓度很低，但是到了变态期，甲状腺素的分泌量增加，使得细胞内甲状腺素受体的含量增加并与之结合，激活甲状腺受体基因和其他靶基因的表达，并形成正反馈调节回路，全面诱发变态高峰的到来。甲状腺素可以随着血液运输到达身体各个部位的靶细胞，实现远距离诱导和控制细胞分化，这种作用方式被称为细胞分化的远程控制。

三、实验材料

1. 材料：蝌蚪（40～50 d）。
2. 仪器：烧杯（500 ml、1 000 ml）、量筒、培养皿、方格纸、天平、小网、研钵。
3. 试剂：自来水、甲状腺素片、甲巯咪唑片、蝌蚪饲料、鱼乐宝（除氯剂）。

四、实验步骤

1. 提前在自来水中加入鱼乐宝除去氯气，每 1 000 ml 自来水加入 0.03 g，鱼乐宝加入溶解后需静置 1 min。

2. 将蝌蚪随机分为 5 组，每组 5～10 只。测量蝌蚪的体长：用小网将蝌蚪捞出放在培养皿中，再将培养皿放在有刻度的方格纸上测量长度，计算平均值，并填写在表 5-2 中，用天平测量蝌蚪体重。

3. 按照表 5-2 设计添加甲状腺素或甲巯咪唑，喂药前先将药片放在研钵里磨碎，加水溶解后放入烧杯，并将蝌蚪放入其中。每日按时按量给蝌蚪喂食，并用吸管清理烧杯中的食物残渣和粪便。每 2 d 更换相同浓度的饲养液，并测量各组蝌蚪体长和体重的平均数值，记录在表 5-2 中。

表 5-2 蝌蚪变态过程中形态特征记录

编组	浓度 / (mg·L^{-1})	蝌蚪数量	初始平均体长/mm	每 2 d 观测数据		
				体长/mm	体重/g	形态描述
对照组	0					
低浓度甲状腺素组	2.5					
高浓度甲状腺素处理	5					
低浓度甲巯咪唑处理	10					
高浓度甲巯咪唑处理	20					

4. 记录蝌蚪变态发育体长变化的同时，观察并记录每组蝌蚪活动能力，前肢、后肢出现的时间，尾巴的变化，以及其他发育畸形等。及时清理死亡的蝌蚪尸体，并记录死亡的数量，30 d 后汇总数据并进行结果分析。

五、思考题

1. 在变态发育过程中，不同的组织器官发生不同的变化，如尾巴褪掉、长出肢体、呼吸消化系统重建等。甲状腺在这些发育过程中的作用机制相同吗？

2. 如何利用分子生物学的手段，检测实验中甲状腺素的靶基因的变化？

实验 53　小鼠卵巢石蜡切片 HE 染色及卵泡形态观察

一、实验目的

1. 掌握石蜡切片 HE 染色的基本步骤。

2. 掌握卵巢内各级卵泡的辨认方法，比较 20～23 d（青春期）及 7～8 周（成年期）小鼠卵巢中各级卵泡数目的差异。

二、实验原理

卵泡发育是动物维持自身繁衍生息的基本条件。在小鼠中，人约在胚胎期 13.5 d（13.5 dpc）时，生殖细胞进入减数分裂形成卵母细胞。卵母细胞的减数分裂一直持续至 18.5 dpc，此时卵母细胞停滞于减数分裂前期的双线期，并被其外侧的一层扁平状的颗粒细胞包裹，形成原始卵泡。这一停滞一直持续至小鼠青春期（出生后的 22～24 d），在此过程中卵泡中的卵母细胞体积迅速增长，颗粒细胞由扁平状变为立方状（初级卵泡），层数由单层增至两层（次级卵泡），及多层（腔前卵泡），最终形成具有卵泡腔结构的卵泡（有腔卵泡）。各级卵泡的具体形态特征如下：

1. 原始卵泡：卵泡的中间具有圆的、清晰的卵母细胞核，核的形态必须完整。卵母细胞的胞质染色明显，清楚的标记出卵母细胞轮廓。在卵母细胞的周围必须有 3 个或 3 个以上，但是不能多于 10 个的体细胞包裹着卵母细胞，体细胞必须是扁平状，弯月形，紧紧地包裹在卵母细胞的四周。该阶段的卵母细胞直径应在 20 μm 以下，原始卵泡往往位于卵巢边缘。

2. 初级卵泡：卵泡的中间具有圆的、清晰的卵母细胞核，核的形态必须完整。卵母细胞完全被体细胞所包裹，体细胞之间没有间隙，与其他周围的体细胞可以明显区分，包裹卵母细胞形成一个圆形或者椭圆形的结构。体细胞的数量在 10 个以上，并且体细胞的细胞核已经不是扁平的，而变成了类似立方体的结构，体细胞的层数应该在一层。该时期的卵母细胞直径应大于 20 μm，但小于 70 μm。

3. 次级卵泡：卵泡的中间具有圆的、清晰的卵母细胞核，核的形态必须完整。卵母细胞完全被体细胞所包裹，体细胞之间没有间隙，与其他周围的体细胞明显可以区分开来，包裹卵母细胞形成一个圆形或者椭圆形的结构。体细胞的数量在 30 个以上，并且体细胞的细胞核已经不是扁平的，而变成了类似立方体的结构，包裹卵母细胞的颗粒细胞有两层。在满足以上条件的情况下，该时期的卵母细胞直径应大于 20 μm，但小于 70 μm。

4. 腔前卵泡：卵泡的中间具有圆的、清晰的卵母细胞核，核的形态必须完整。卵母细胞完全被体细胞所包裹，体细胞之间没有间隙，与其他周围的体细胞明显可以区分开来，包裹卵母细胞形成一个圆形或者椭圆形的结构。体细胞的数量在 30 个以上，并且体细胞的细胞核已经不是扁平的，而变成了类似立方体的结构，包裹卵母细胞的颗粒细胞有多层。在满足以上条件的情况下，该时期的卵母细胞直径应大于 70 μm。

5. 有腔及排卵前卵泡：卵泡的中间具有圆的、清晰的卵母细胞核，核的形态必须完整。卵母细胞完全被颗粒细胞或高度分化的卵丘细胞所包裹，卵泡中的细胞之间出现小的腔隙，或者在排卵前卵泡里这些小的腔隙融合为一个大腔隙，卵泡内的体细胞数量应该大于 400 个。在满足以上条件的情况下，该时期的卵母细胞直径应大于 70 μm。

三、实验材料

1. 材料：小鼠卵巢切片（20～23 d，7～8 周）。

2. 仪器：染色架、烘箱、移液枪、盖玻片、载玻片、镊子、光学显微镜。

3. 试剂：二甲苯、75% 乙醇、无水乙醇、磷酸盐缓冲溶液（PBS）、苏木精－伊红染色试剂、中性树胶。

四、实验步骤

1. 脱蜡

切片在 60 ℃二甲苯中脱蜡 5 min，再换用新鲜的二甲苯脱蜡，共用二甲苯脱蜡 3 次。

2. 复水

无水乙醇 5 min，95% 乙醇 2 min，80% 乙醇 2 min，70% 乙醇 5 min，PBS 2 min。

3. 染色、冲洗、分化、浸泡

苏木素染液染色 8 min，自来水冲洗，分化液分化 30 s，PBS 浸泡 5 min。

4. 脱水、透明、封片

95% 乙醇（Ⅰ）30 s，95% 乙醇（Ⅱ）30 s，100% 乙醇（Ⅰ）30 s，100% 乙醇（Ⅱ）1 min，二甲苯（Ⅱ）1 min，二甲苯（Ⅰ）1 min，中性树胶封固并镜下观察。

5. 观察

显微镜下观察，拍照，对各级卵泡（原始、初级、次级/腔前/有腔卵泡）进行比较。

6. 统计数量

通过 Image pro plus 6.0 或其他软件统计两个发育阶段中各级卵泡的数量。

7. 差异比较

通过 Excel、Graphpad 等软件作图比较两个年龄段小鼠卵巢中各级卵泡的差异。

五、思考题

两个不同时间点的小鼠卵巢中，卵泡的组成比例有何区别？这种区别说明什么问题？

实验 54　不同发育阶段蛙胚胎切片观察

一、实验目的

通过观察蛙早期胚胎发育的卵裂、囊胚、原肠胚及神经胚切片，理解蛙的卵裂方式、囊胚类型、原肠作用及神经管的形成等过程。

二、实验原理

1. 蛙胚胎发育的不同时期切片具有不同特征

（1）卵裂期：蛙的卵子为中量黄卵，卵黄主要分布在植物极。蛙的卵裂方式为完全卵裂的辐射形卵裂，但是由于植物极卵黄多，所以，动物极的细胞卵裂快、细胞小，植物极卵裂慢、细胞大。

（2）囊胚期：蛙囊胚球形，囊胚腔位于动物半球，囊胚壁由多层细胞组成，动物半球细胞小，植物半球细胞大，内含大量卵黄。通过卵裂形成囊胚后细胞数目显著增多。

（3）原肠胚期：原肠胚是胚胎发育的关键时期，通过原肠作用囊胚细胞重新组合，并形成内胚层在内、外胚层在外、中胚层在两者之间的三胚层结构。蛙原肠作用起始于赤道区下方植物半球瓶状细胞内陷，从而形成狭缝状的胚孔；边缘区细胞（预定脊索中胚层细胞）先向植物极运动，到达胚孔后内卷并沿囊胚腔内表面向动物极延伸；同时，囊胚表面内胚层细胞在瓶状细胞和内卷细胞的带动下，也进入胚胎内部，形成原肠。

（4）神经胚期：原肠作用形成内、中、外 3 个胚层后，贯穿身体前后的脊索诱导其背部的外胚层细胞变长、增厚，形成神经板，神经板进一步弯曲形成神经沟，神经沟闭合形成神经管。

2. 解剖学方位常识

（1）矢状面：矢状面可看到解剖体的左右方位。指前后方向，将人体分成左、右两部分的纵切面，该切面与地平面垂直。经过人体正中的矢状面为正中矢状面，该面将人体分成左、右相等的两部分。

（2）水平面：水平面可看看到解剖体的上下方位。水平面也称横切面，是与地平面平行将人体分为上、下两部的平面，该平面与冠状面和矢状面相互垂直。

（3）冠状面：冠状面可看到解剖体的前后方位。指左右方向，将人体分为前、后两部分的纵切面，该切面与矢状面及水平面相互垂直。

三、实验材料

1. 材料：不同发育阶段蛙胚胎 HE 染色石蜡切片〔包括卵单细胞期、二细胞期、

162

生物技术综合实验教程

卵裂期（早、晚）、囊胚期（早、晚）、神经胚期（早、晚），以及胚胎截面（横切、纵切及矢状切面）等]。

2. 仪器：光学显微镜、白纸、铅笔等。

四、实验步骤

肉眼或低倍镜观察。

1. 卵裂观察：分别取 2～32 细胞期的蛙卵分裂球装片。

（1）2 细胞期：蛙卵的第一次卵裂为经裂，卵裂沟首先出现在动物极，再向植物极延伸，把受精卵分裂成大小相同的两个分裂球。

（2）4 细胞期：第二次卵裂仍为经裂，分裂面与第一次的分裂面垂直，分成大小相同的 4 个分裂球。

（3）8 细胞期：第三次卵裂为纬裂，分裂面位于赤道面上方，与前两次分裂面垂直，形成上下两层 8 个分裂球，上面 4 个较小，下面 4 个较大。

（4）16 细胞期：第四次分裂为经裂，有两个分裂面同时将 8 个分裂球分为 16 个分裂球。

（5）32 细胞期：第五次分裂为纬裂，由 2 个分裂面同时把 2 层分裂球分成 4 层，每层仍为 8 个分裂球，共 32 个分裂球。

2. 囊胚期：从蛙卵进行第 6 次分裂后进入囊胚期。分裂球的形状像个篮球，动物极细胞小，植物极细胞大。

3. 原肠胚期：原肠胚早期在胚胎赤道下方出一个横的较浅或深的凹陷，次凹陷为胚沟，浅沟的背缘为背唇；原肠中期背唇弯曲并逐渐形成半月形；原肠晚期随着动植物极细胞的细续外包和内卷，胚孔逐渐变小，卵黄栓也随之缩小，直至最后被包入。

4. 神经胚期：分为神经板期、神经褶期、神经管期形成。

（1）神经板期：胚体纵轴开始伸长，背部变为平坦并逐渐形成一前宽后窄的勺状神经板，其狭小部分与原口相连接。

（2）神经褶期：胚体继续伸长，从神经板前端两侧开始隆起并向后延伸形成神经褶，中间凹陷形成浅而宽的神经沟。向中间合拢，神经沟变深而窄，直至愈合形成神经管为止。

（3）神经管期：从神经管出现至尾芽形成为止。神经褶完全愈合形成神经管，前端两侧出现感觉板和鳃板雏形，胚体纵轴继续延长。

五、思考题

不同阶段蛙胚胎切片上，分别具有哪些典型的结构特点？

实验 55　细胞融合实验

一、实验目的

了解 PEG 诱导细胞融合的基本原理,以及相关实验操作和观察方法。

二、实验原理

两个或两个以上的细胞合并成一个双核或多核的现象称为细胞融合,也称细胞杂交,自然条件下的受精过程就是属于这种现象。通常两个细胞接触并不发生融合现象,因为各自存在完整的细胞膜。在特殊融合诱导物的作用下,两个细胞膜发生一定的变化,就可促进两个或多个细胞聚集,相接触的细胞膜之间融合,相继之细胞质融合,形成一个大的融合细胞。细胞与组织不同,细胞融合不仅能产生同种细胞融合和种间细胞融合,而且也能诱导动植物细胞间的融合。因此,融合细胞的研究为生物科学无论在基础理论上或生产实践上都开辟了一条新的道路。这一技术已成为研究细胞遗传、细胞免疫、肿瘤和生物新品种培育等方面的重要手段。

本实验属于化学融合剂诱导融合,促使细胞凝结,破坏相互接触的细胞膜的磷脂双分子层,从而使相互接触的细胞膜之间发生融合,进而细胞质沟通,形成一个多核或双核融合细胞现象。

三、实验材料

1. 材料:鸡静脉血。

2. 试剂:Alsever 溶液、GKN 溶液、50% 聚乙二醇(PEG)溶液、詹姆斯绿染液(37 ℃ 预热)。

(1)Alsever 溶液:葡萄糖 2.05 g、柠檬酸钠 0.80 g、NaCl 0.42 g,溶于 100 ml 双蒸水中。

(2)GKN 溶液:NaCl 8 g,KCl 0.4 g,$Na_2HPO_4 \cdot H_2O$ 0.69 g,葡萄糖 2 g,酚红 0.01 g,溶于 1 000 ml 水中。

(3)50% 聚乙二醇(PEG)溶液:称取一定量的 PEG 放入刻度试管中,沸水浴加热,使之融化,待冷却至 50 ℃ 时,加入等体积预热至 50 ℃ 的 GKN 溶液混合,混匀,置 37 ℃ 备用。

3. 仪器:显微镜、天平、水浴锅、普通离心机、10 ml 离心管、滴管、容量瓶、烧杯、注射器、载玻片、盖玻片、酒精灯、试管等。

四、实验步骤

1. 在公鸡翼下静脉抽取 2 ml 鸡血，加入盛有 8 ml 的 Alsever 溶液的离心管中，使之配制成血液与 Alsever 液比例为 1 : 4 的悬液，混合后可在冰箱中存放 1 周。

2. 取鸡血悬液 1 ml，加入 4 ml 0.85% 生理盐水，混匀，1 500 r/min 离心 5 min，弃上清，加入 1 ml 的 0.85% 生理盐水。重复上述操作 2 次，最后弃去上清。

3. 加 GKN 液 4 ml，离心 1 次。弃去上清，加 GKN 溶液（细胞体积估算，体积比 1 : 9），制成 10% 细胞悬液。取以上细胞悬液 0.2 ml（可按比例增加）放入 1 ml 的 EP 管中，然后放入 37 ℃水浴中预热，同时将 50% PEG 液一并预热 20 min。

4. 20 min 后，将 0.2 ml 的 50% PEG 溶液在 37 ℃水浴中 90 s 内沿离心管壁加入到 0.2 ml 细胞悬液中，边加边摇匀，然后放入 37 ℃水浴中保温（5、10、20、30 min），加入 GKN 溶液 1 ml，静置于水浴锅中 20 min 左右。1 500 r/min 离心 5 min 后，弃上清，加 GKN 溶液再离心 1 次。弃去上清，加入 GKN 液少许，混匀，取少量悬浮于载玻片上，加入染液 1 滴，用牙签混匀，3 min 后盖上盖玻片，观察细胞融合情况。

5. 分别于温育 5、10、20、30 min 后取细胞悬液 1 滴，制成临时观察片，以詹姆斯绿染液染色，在显微镜下观察细胞融合的不同阶段。通常情况下，可将融合过程分为 5 个阶段：两个细胞的细胞膜之间相互接触、粘连；相接触的两个细胞在破口粘合，形成细胞膜通路；两个细胞之间细胞质相通，形成细胞质通道；通道扩大，两细胞连成一体；细胞合并完成，形成一个含有两个或多个核的圆形细胞。对孵育 30 min 的细胞悬液，取少量悬浮于载玻片上，加入詹姆斯绿染液，用牙签混匀，3 min 后盖上盖玻片，在显微镜下观察并计算融合率。融合率是指在显微镜的视野内，已发生融合的细胞核的总数与视野内所有细胞核（包括已融合的和未融合的细胞）的总数之比。

五、思考题

1. 各阶段细胞融合的主要特点是什么？

2. 在本实验中，试剂 PEG 的作用是什么？

实验 56　小鼠外周血淋巴细胞的分离与观察

一、实验目的

1. 了解外周血单个核细胞（PBMC）分离的意义和原理。

2. 掌握淋巴细胞分离的技术。

二、实验原理

淋巴细胞作为血液中白血球的主要组成成分，是动物机体完成细胞免疫和体液免疫的重要基础，为抵抗外来侵害提供了完善的免疫防护机制。同时，淋巴细胞还具有寿命长，激活后可分裂、增殖的特性，因此很适合离体培养，为免疫学研究带来极大的方便。另外，利用体外培养的淋巴细胞进行抗癌研究、艾滋病治疗、新药研制已屡见不鲜。外周血中各种细胞的密度不同。密度离心法主要根据各类血细胞的比重差异，利用比重介于某两类细胞之间的细胞分离液对血液离心，使一定比重的血细胞依相应的密度、梯度分布于不同的独立区带，从而达到分离的目的。

本实验采用蔗糖–泛影葡胺作为细胞分层液。蔗糖–泛影葡胺是一种较理想的细胞分层液，具有高密度、低渗透压、无毒性等特点。溶液黏性高，易使细胞聚集。分离时先将分层液置试管底层，然后将抗凝血作适当稀释后，轻轻叠加在分层液上面，使两者形成一个清晰的界面。水平式离心后，离心管中会出现几个不同层次的液体和细胞带。红细胞和粒细胞密度大于分层液，同时因红细胞遇到分层液而凝集成串钱状而沉积于管底。血小板则因密度小而悬浮于血浆中，唯有与分层液密度相当的单个核细胞密集在血浆层和分层液的界面中，呈白膜状，吸取该层细胞递经洗涤高心重悬。本法分离单个核细胞纯度可达 95%，淋巴细胞占 90%～95%，细胞获得率可达 80% 以上，其高低与室温有关，超过 25 ℃ 时会影响细胞获得率。

本实验采用吉姆萨染液对分离细胞进行染色。吉姆萨染液是主要成分为天青色素、伊红、次甲蓝的混合物，本染色液最适于血液涂抹标本、血细胞、疟原虫、立克次体，以及骨髓细胞等的染色。染前用蛋白酶等进行处理，然后再用吉姆萨染液染色，在染色体上，可以出现不同浓淡的横纹样着色。吉姆萨染液可将细胞核染成紫红色或蓝紫色、胞浆染成粉红色，在光镜下呈现出清晰的细胞及染色体图像。

三、实验材料

1. 材料：ICR 成年雄性小鼠（重量为 18～22 g）。

2．仪器：EDTA 抗凝管、1 ml 注射器、移液枪及枪头、水平离心机、镊子、橡胶手套等。

3．试剂：淋巴细胞分离试剂盒、吉姆萨染液、甲醇、PBS 溶液。

四、实验步骤

1．小鼠摘眼球取血

左手拇指、食指和中指抓取小鼠的颈部头皮，小指和无名指固定尾巴。轻压需要摘取的眼部皮肤，使眼球充血突出。使用手术剪剪去小鼠的胡须，防止血从胡须处流下引起溶血。用镊子夹取眼球并快速摘取，并使血液从眼眶内流入 EP 管中。当血液滴入速度变慢时可轻按小鼠心脏部位，加快心脏泵血速度以获取更多的血液，随后采用脱颈椎法处死小鼠。

2．取足 1 ml 血液，加入内壁涂有 EDTA 的 2 ml 抗凝管中。

3．在抗凝管中加入 1 ml 组织稀释液，混匀。

4．另取一支 15 ml 离心管，加入 3 ml 分离液。

5．将稀释后的血液平铺到分离液液面上方，注意保持两液面界面清晰。18～22 ℃，1 200 g 离心 30 min。

6．小心地吸取白膜层细胞到 15 ml 洁净的离心管中，取 5 ml PBS 或细胞洗涤液洗涤白膜层细胞。250 g，离心 10 min。

7．弃上清，用 5 ml 的 PBS 或细胞清洗液重悬细胞，250 g，离心 10 min。

8．重复步骤 7，弃上清，细胞重悬备用。

9．血涂片制作

左手持载玻片，取血液 1 滴，滴于载玻片上（干净的）的一端；右手持一盖玻片进行推片，推片与载片大约成 45°角，平稳推进至另一端，待载片干燥后，留下一层薄膜，37 ℃烘箱放置 40 min 烘干，在甲醇中固定 2～3 min。注意：速度不能太慢，力度要均匀，保证血液被均匀推开。

10．吉姆萨染色

提前准备：取 1 ml 吉姆萨染液原液 + 9 ml 0.01 mol/L 磷酸缓冲液混匀，作为工作液；将血涂片放在染色架上，将上述工作液滴加到血涂片上，染色 20 min。用自来水从玻片一端缓慢冲洗，晾干后镜检。

五、思考题

1．实验第 6 步获得的各层液体的细胞组成分别是什么？

2．吉姆萨染色中细胞质和胞核呈现不同颜色的原因是什么？

实验 57 人体手部皮纹的遗传分析

一、实验目的

1. 掌握皮纹分析的基本知识和方法。

2. 了解皮纹分析在遗传学上的应用。

3. 掌握典型的皮纹改变在遗传病分析中的应用。

二、实验原理

皮纹是指人体手、脚掌面有特定的纹理表现，包括嵴纹和皮沟。嵴纹指皮肤真皮乳头向表皮突出，形成的许多整齐的乳头线。皮沟指嵴纹之间的凹陷。某些遗传病，特别是染色体病和先天畸形常伴有特殊的皮纹异常，所以皮纹检查可作为某些遗传病诊断的辅助指标。目前，皮纹已广泛应用于刑侦界、医学界、生物识别领域（主要为指纹）。

指纹是手指顶部的皮肤纹理，是最常用的皮纹。它的遗传特性十分突出，被用作个体身份调查取证的重要线索。指纹分为弓形纹、箕形纹和斗形纹。

弓形纹：这是一种最简单的指纹图形，其特点是全部由弓形的平行纹理组成，其纹线自一侧走向它侧，中部隆起如弓形，无中心点（纹心）和三叉点（三组纹路共同通过的点）。

箕形纹：我国俗称簸箕，其纹线自一侧起始，斜向上弯曲后，再归回原侧，形似簸箕。根据箕形纹开口方位的不同，又可分为正箕或称尺侧箕状纹和反箕或称桡侧箕状纹。

斗形纹：是一种复杂、多形态的指纹。包括环形、螺形、囊形、绞形、偏形、变形等几种。环形、螺形俗称斗。绞形和偏形又称双箕。

嵴纹数：从箕形纹、斗形纹的纹心（中心点）到离该中心最近的三叉点之间划一条连线，计算直线通过的嵴线数。

总指嵴数（TFRC）：指所有手指的嵴纹数相加之和。其基因是加性的，是一种数量遗传性状，受多基因控制。

弓形纹无三叉点，所以嵴纹数为 0。箕形纹有 1 个三叉点，按照上述方法计数，注意连线起止点处的嵴纹数不计在内。斗形纹因有 2~3 个三叉点，应计数 2~3 次，并按较大的数计。

三、实验材料

印台、印油、白纸、直尺、铅笔。

四、实验步骤

1. 用肉眼观察自己指纹类型，找出中心点和三叉点位置，对着直射光线转动手指进行观察。

2. 印制单个手指指纹：将双手洗净晾干，将单个手指在印台上涂上印油，将某一手指由一侧向另一侧轻轻滚动 1 次，注意不能来回涂抹，要印出手指两侧的皮纹，将三叉点和中心点位置印出。按此步骤依次印制双手 10 个手指指纹。

3. 在各指纹旁标明指纹类型，在有三叉点的指纹中，画出指纹中心到三叉点的连接直线，依次计算各指纹的嵴纹数和总嵴纹数。

4. 按表 5-3 所示记录每个人的指纹类型和嵴纹数。

表 5-3 指纹类型和嵴纹数记录

	左手				
	拇指	食指	中指	环指	小指
指纹类型					
嵴纹数					
左手嵴纹数总计					
	右手				
	拇指	食指	中指	环指	小指
指纹类型					
嵴纹数					
左手嵴纹数总计					

五、思考题

1. 能观察到几种不同类型的箕形纹和斗形纹，该如何具体确定其中心点？

2. 统计全班不同民族同学总嵴纹数的平均值，讨论有无差异。

实验 58　果蝇的观察、饲养和麻醉

一、实验目的

1. 了解果蝇生活史的各个时期及其特征。

2. 识别果蝇性状。

3. 分辨雌性与雄性的果蝇成虫。

4. 学会配制果蝇饲料的技术及饲养方法。

5. 学会果蝇的麻醉。

二、实验原理

果蝇（fruit fly），双翅目昆虫，属果蝇属，约有 2 500 种，具有饲养容易、生长迅速的特点。果蝇的生活周期分为 4 个时期：卵→幼虫→蛹→成虫。卵长约 0.5 mm、白色，前端背面伸出一触丝，附着在食物或瓶壁上，不致深陷于食物中。22 ~ 24 h 孵化为幼虫，经两次蜕皮为三龄幼虫，肉眼可见其一端稍尖为头部，上有一黑色钩状口器；幼虫 4 d 左右化蛹，初颜色淡黄、柔软，以后渐硬化变成深褐色，此时即将羽化；羽化后 8 h 可交配，2 d 后即可产卵，成虫在 25 ℃下一般存活 37 d。

果蝇成虫分为头、胸、腹三部分：头部有 1 对大的复眼，3 个单眼和 1 对触角。胸部有 3 对足，1 对翅；腹部背面有黑色环纹，腹面有腹片，外生殖器位于腹面末端，全身有体毛和刚毛。

性别区分：1. 个体大小：雌性一般大于雄性；2. 腹部环纹：雌性有较多细而明显的环纹，雄性则少而宽；3. 腹部末端形状和颜色：雌性尖端细而长、浅色，雄性近椭圆形、深色；4. 性梳：雄性第一对脚的跗节前端有黑色鬃毛流苏，称性梳，雌性则无。果蝇常见的突变性状如表 5 - 4 所示：

表 5 - 4　果蝇常见突变性状特征

突变性状名称	基因符号	性状特征	所在染色体
白眼	w	复眼白色	X
棒眼	B	复眼横条形	X
檀黑体	e	体呈乌木色，黑亮	Ⅲ R
黑体	b	体呈深色	Ⅱ L

（续表）

突变性状名称	基因符号	性状特征	所在染色体
黄身	y	体呈浅橙黄色	X
参翅	vg	翅退化，部分残留不能飞	ⅡR
焦刚毛	sn	刚毛卷曲如烧焦状	X
小翅	m	翅较短	X

三、实验材料

1. 材料：果蝇原种及变种。

2. 仪器：显微镜、镊子、白纸、毛笔。

3. 试剂：糖、玉米粉、琼脂、丙酸、酵母粉、无水乙醇和乙醚（1∶1）混合液。

四、实验步骤

1. 培养基配制

（1）糖 3.1 g、琼脂 0.31 g、水 19 ml 煮沸溶解。

（2）玉米粉 4.1 g、水 19 ml，加热搅匀。

（1）（2）混合，加热成糊状，稍凉，加酵母粉（0.5 g），再加 0.25 ml 丙酸分装到已消毒的培养瓶中，用棉塞塞上瓶口。冷却后，擦干瓶壁上的水珠和培养基。

需要注意的是：①玉米粉一定要先用凉水拌匀后再加热，不能直接倒入加热的培养基中，否则容易聚集成团，不易溶解。配制的培养基容易出现块状，不易于果蝇的利用。②配制培养基时，应煮沸腾几分钟，否则培养基容易稀松。③酵母为活性物质，高温易失活。因此，应当在培养基冷却到 50 ℃左右时加入到培养基中，切勿将酵母粉加入到培养基中直接煮沸。④加入丙酸时应屏住呼吸。

2. 果蝇的麻醉和处理

（1）准备空培养瓶和分配待麻醉的果蝇。

（2）在空瓶转入 2~4 只果蝇。

（3）用移液器或吸管吸取少量乙醚－乙醇，浸在瓶子的棉花塞子。

（4）果蝇昏迷、被麻醉。

（5）判断果蝇是否被麻醉的依据：翅膀是否外展，麻醉状态的果蝇两个翅膀仍然重叠在背腹上。而死亡的果蝇翅膀离开腹部呈外展状态，不管外展程度如何，都按死亡果蝇对待，切不可选这种状态的果蝇做杂交用的亲本。

3. 果蝇性状的观察

将已麻醉的果蝇，倒在一张洁净的白纸上（或白瓷板上），用毛笔和解剖镜观察性状、性别、计数。记录各个品种果蝇的性状、数量，将统计结果填入表5-5：

表5-5　果蝇性状记录

编号	体色	眼色	翅膀	刚毛	数量	雌雄

五、思考题

1. 培养基中的各项成分在果蝇饲养的过程中具体有什么作用？

2. 不同阶段果蝇发育的形态特征有何区别？

3. 乙醚麻醉果蝇的原理是什么？

实验 59　果蝇杂交实验

一、实验目的

1. 掌握果蝇的接种方法。

2. 掌握处女蝇的选择方法。

3. 通过果蝇杂交实验验证遗传学三大定律。

二、实验原理

利用不同性状的果蝇杂交验证遗传学三大定律。

1. 分离定律：一对等位基因在杂合子中，各自保持其独立性，在配子形成时，彼此分开，随即进入不同的配子。在一般情况下，F1 杂合子的配子分离比为 $1:1$；F2 表型分离比是 $3:1$；F2 基因型分离比为 $1:2:1$。

2. 自由组合定律：支配两对（或两对以上）不同形状的等位基因，在杂合状态保持其独立性。配子形成时，各等位基因彼此独立分离，不同对的基因自由组合。在一般情况下，F1 配子分离比是 $1:1:1:1$；F2 基因型分离比率 $(1:2:1)^2$；F2 表型比率是 $9:3:3:1$。

3. 由性染色体所携带的基因在遗传时与性别相联系的遗传方式。

三、实验材料

1. 材料：果蝇原种及变种。

2. 仪器：显微镜、镊子、白纸、毛笔。

3. 试剂：糖、玉米粉、琼脂、丙酸、酵母粉、无水乙醇和乙醚（$1:1$）混合液。

四、实验步骤

1. 第一周

选取每组实验所要用的各种果蝇表型分别培养使其产卵，9～10 d 后收集处女蝇。挑选处女蝇的方法：将亲本培养瓶中的成蝇全部移走（可在 22：00 至 23：00 期间将成蝇移入另一个培养瓶中，次日 8：00 至 9：00 对新羽化的果蝇进行挑选）。以后每隔 6～8 h 观察 1 次，将新羽化的雌蝇雄成虫取出并分别放入培养瓶内备用。新羽化的雌蝇身体细长，幼嫩得几乎透明，一般在 8～10 h 没有交配能力，属于处女蝇。

2. 第二周

对果蝇生活史进行细心观察。第一周接种的亲蝇，经 7~8 d 培养后，再过 3~4 d，F1 代将孵出，为避免亲子蝇混淆，应将亲蝇放飞或将其移到死蝇瓶中。即当瓶壁上出现黑色蛹时，在实验室移去亲本，之后继续将培养瓶存放在恒温箱内保存。

3. 第三周

（1）观察记录 F1 表型：再经 3~5 d（即接种杂交亲本后的 11~12 d），F1 成虫开始羽化，在实验室中取出 F1 成蝇，观察记录其表型和数量。每个杂交组合至少应统计 30 只。

（2）F1 兄妹交：取一新培养瓶，放 10~15 对 F1 果蝇（这里的雌蝇无须是处女蝇）。

（3）进行 F1 自交：贴好标签，写明 F1 的基因型、杂交日期、实验者姓名。

（4）测交：将隐性亲本的处女蝇与 F1 杂交，做测交实验。

4. 第四周

（1）再过 3~5 d 即接种 F1 果蝇 11~12 d 后，F2 开始羽化。在实验室中逐批仔细观察各种表型并计数，并用 x^2 进行测验，说明实验结果是否与理论数值相符合。连续统计 4~5 d，以保证获得足够数量的被观察后代，已被观察统计过的果蝇倒入尸体瓶。每个实验小组统计 100~200 只。

（2）同时，对测交结果进行统计。

5. 自行设计表格，记录杂交实验结果。

五、思考题

1. 亲本雌蝇为何一定要选用处女蝇？怎样才能保证所选雌蝇为处女蝇？

2. 在进行亲本杂交或 F1 自交一定时间后为什么要释放杂交亲本或 F1？

3. 伴性遗传的性状在正交和反交的后代中为什么会出现差异？与性别的关系如何？

主要参考文献

[1] 王三根. 植物生理学实验教程 [M]. 北京：科学出版社, 2017.

[2] 高俊凤. 植物生理学实验指导 [M]. 北京：高等教育出版社, 2006.

[3] 孔祥生, 易现峰. 植物生理学实验技术 [M]. 北京：中国农业出版社, 2008.

[4] 白庆笙, 王英勇. 动物学实验 [M]. 北京：高等教育出版社, 2007.

[5] 黄诗笺, 刘思阳, 卢欣. 动物生物学实验指导 [M]. 北京：高等教育出版社, 2001.

[6] 刘凌云, 郑光美. 普通动物学（第 4 版）[M]. 北京：高等教育出版杜, 1997.

[7] 刘凌云, 郑光美. 普通动物学实验指导（第 3 版）[M]. 北京：高等教育出版社, 2010.

[8] 马克勤, 邓光美. 脊椎动物比较解制学 [M]. 北京：高等教育出版社, 1984.

[9] 孙虎山. 动物学实验指导（第 2 版）[M]. 北京：科学出版社, 2010.

[10] 田婉淑, 江耀明. 中国两栖爬行动物鉴定手册 [M]. 北京：科学出版社, 1986.

[11] 忻介六, 杨庆爽, 胡成业. 昆虫形态分类学 [M]. 上海：复旦大学出版社, 1985.

[12] 郑作新. 脊椎动物分类学 [M]. 北京：科学出版社, 1982.

[13] 吴相钰, 陈守良, 葛明德. 普通生物学（第 4 版）[M]. 北京：高等教育出版社, 2014.

[14] 李红, 丁晓雯, 石晶, 等. 蚕豆根尖微核实验阳性结果判断标准研究 [J]. 食品工业科技, 2010, 31 (10): 229-231.

[15] 李丽君, 刘振乾, 徐国栋, 等. 工业废水的鱼类急性毒性效应研究 [J]. 生态科学, 2006, (01): 43-47.

[16] 陈婧, 吴民耀, 王宏元. 甲状腺激素在两栖动物变态过程中的作用 [J]. 动物学杂志, 2012, 47 (06): 136-143.

[17] 耿宝荣. 蛙的早期胚胎发育 [J]. 生物学通报, 2002, (10): 17-18.

[18] 皮妍. 基因神探——DNA 指纹的遗传分析 [J]. 高校生物学教学研究（电子版）, 2015, 5 (04): 3-4.

[19] 刘瑞芳，王傲泽，陈秋，等. 聚乙二醇诱导鸡血细胞融合的研究进展 [J]. 畜牧兽医杂志，2022，41（05）：158－159＋163.

[20] 沈萍，陈向东. 微生物学实验（第4版）[M]. 北京：高等教育出版社，2007.

[21] 周德庆. 微生物学实验教程（第2版）[M]. 北京：高等教育出版社，2006.

[22] 姜伟，曹云鹤. 发酵工程实验教程 [M]. 北京：科学出版社，2014.

[23] 许赣荣，胡鹏刚. 发酵工程 [M]. 北京：科学出版社，2021.

[24] 石贵阳. 酒精工艺学 [M]. 北京：中国轻工业出版社，2020.

[25] 杜霖春. 乳酸菌及其发酵食品 [M]. 北京：中国轻工业出版社，2020.

[26] 陶兴无. 发酵工艺与设备（第2版）[M]. 北京：化学工业出版社，2015.

[27] 陈舒丽，王梅娟，罗丽丹，等. 对氨基酸纸层析实验的改进 [J]. 山西医科大学学报，2011，42（03）：273－274.

[28] 曾万勇. 纸层析法分离鉴定氨基酸 [J]. 高校生物学教学研究（电子版），2016，6（02）：5－6.

[29] 刘先菊，杨帆，林树柱，等. 虎血清免疫球蛋白（IgG）的纯化及纯度、活性鉴定 [J]. 中国比较医学杂志，2007，（11）：637－640.

[30] 李建武，余瑞元，袁明秀. 生物化学原理和方法 [M]. 北京：北京大学出版社：1994.

[31] 闫美荣，刘庆平，苏秀兰. 聚丙烯酰胺凝胶电泳分析615纯系小鼠血清蛋白 [J]. 内蒙古医学院学报，1999，（04）：226－228.

[32] 韩珍琼，方建华. 实验室制备牛奶酪蛋白的技术研究 [J]. 畜牧与饲料科学，2010，31（08）：83－85.